普通高等教育"十一五"国家级规划教材配套教辅

电力电子技术学习指导习题集及仿真

裴云庆　卓　放　王兆安　编著
刘进军　主审

机械工业出版社

本书是与西安交通大学王兆安教授、刘进军教授主编的《电力电子技术》（第5版）配套的学习指导用书。本书对各章学习的重点、难点进行了总结和归纳，提出了学习的基本要求。内容包括主教材中各章的章节要点、学习指导，编写了大量的例题及其详细的求解过程。针对本课程实验性强的特点，在介绍MATLAB软件在电力电子电路分析中的应用方法基础上，采用MATLAB软件环境建立了主教材中50种典型电路的模型，可供读者调节电路参数、观察电路波形，进一步加深对电路工作原理的理解和定量分析方法的掌握。

本书可以作为"电力电子技术"课程的学习参考书，用于学生学习本课程，也可以作为电气工程专业"电力电子技术"课程的辅助教材，适用于电气工程及其自动化专业、自动化专业以及工科引导性专业目录中的电气工程与自动化专业，也可供相近专业选用或供工程技术人员参考。

图书在版编目（CIP）数据

电力电子技术学习指导习题集及仿真/裴云庆等编著. —北京：机械工业出版社，2012.10（2025.11重印）
普通高等教育"十一五"国家级规划教材配套教辅
ISBN 978-7-111-39672-7

Ⅰ.①电… Ⅱ.①裴… Ⅲ.①电力电子技术-高等学校-教学参考资料 Ⅳ.①TM1

中国版本图书馆 CIP 数据核字（2012）第 210388 号

机械工业出版社（北京市百万庄大街22号 邮政编码100037）
策划编辑：于苏华　责任编辑：于苏华　王 荣
版式设计：霍永明　责任校对：王 欣
封面设计：陈 沛　责任印制：单爱军
北京盛通数码印刷有限公司印刷
2025年11月第1版·第14次印刷
184mm×260mm·8.75印张·193千字
标准书号：ISBN 978-7-111-39672-7
　　　　　ISBN 978-7-89433-669-9（光盘）
定价：39.00元（含1CD）

电话服务　　　　　　　　　网络服务
客服电话：010-88361066　　机 工 官 网：www.cmpbook.com
　　　　　010-88379833　　机 工 官 博：weibo.com/cmp1952
　　　　　010-68326294　　金 书 网：www.golden-book.com
封底无防伪标均为盗版　　　机工教育服务网：www.cmpedu.com

前　言

　　本书是与西安交通大学王兆安教授、刘进军教授主编的《电力电子技术》（第5版）配套使用的参考书，可作为"电力电子技术"课程的辅助教材。

　　为了便于读者学习，本书的章节次序与主教材相同。书中对各章学习的重点、难点进行了总结和归纳，提出了学习的基本要求。内容包括教材中各章的章节要点、学习指导，编写了大量的例题及其详细的求解过程。针对本课程实验性强的特点，在介绍MATLAB软件在电力电子电路分析中的应用方法基础上，采用MATLAB软件环境建立了主教材中50种典型电路的模型，可供读者调节电路参数、观察电路波形，以进一步加深对电路工作原理的理解和定量分析方法的掌握。

　　本书第1章由王兆安执笔，第3章由卓放执笔，其余各章由裴云庆编写并负责全书的统稿。全书由刘进军教授审阅。本书在解题过程中力求方法简明、概念清楚，学习指导部分对教材各章节提出了基本要求、重点、难点及应注意的问题。

　　由于编者水平有限，书中有欠妥之处在所难免，敬请读者批评指正。

编　者

目 录

前言

第一部分 电力电子技术学习指导、习题集

第1章 绪论 ……………………………………………………………………………… 1
第2章 电力电子器件 …………………………………………………………………… 3
2.1 本章要点和学习指导 ………………………………………………………………… 3
2.2 习题和解答 …………………………………………………………………………… 4
第3章 整流电路 ………………………………………………………………………… 7
3.1 本章要点和学习指导 ………………………………………………………………… 7
3.2 习题和解答 …………………………………………………………………………… 8
第4章 逆变电路 ………………………………………………………………………… 23
4.1 本章要点和学习指导 ………………………………………………………………… 23
4.2 习题和解答 …………………………………………………………………………… 24
第5章 直流-直流变流电路 …………………………………………………………… 28
5.1 本章要点和学习指导 ………………………………………………………………… 28
5.2 习题和解答 …………………………………………………………………………… 29
第6章 交流-交流变流电路 …………………………………………………………… 35
6.1 本章要点和学习指导 ………………………………………………………………… 35
6.2 习题和解答 …………………………………………………………………………… 37
第7章 PWM控制技术 ………………………………………………………………… 41
7.1 本章要点和学习指导 ………………………………………………………………… 41
7.2 习题和解答 …………………………………………………………………………… 42
第8章 软开关技术 ……………………………………………………………………… 46
8.1 本章要点和学习指导 ………………………………………………………………… 46
8.2 习题和解答 …………………………………………………………………………… 47
第9章 电力电子器件应用的共性问题 ………………………………………………… 49
9.1 本章要点和学习指导 ………………………………………………………………… 49
9.2 习题和解答 …………………………………………………………………………… 50
第10章 电力电子技术的应用 …………………………………………………………… 53
10.1 本章要点和学习指导 ……………………………………………………………… 53
10.2 习题和解答 ………………………………………………………………………… 55

第二部分 电力电子电路的计算机仿真

第11章 基于MATLAB的电力电子电路仿真方法 ···················· 58
   11.1 MATLAB软件及仿真集成环境Simulink简介 ···················· 58
   11.2 常用电气系统仿真库元件及仿真模型 ···························· 60
第12章 整流电路的计算机仿真 ·· 70
第13章 逆变电路的计算机仿真 ·· 97
第14章 直流-直流变流电路的计算机仿真 ······························ 106
第15章 交流-交流变流电路的计算机仿真 ······························ 116
第16章 PWM逆变电路的计算机仿真 ····································· 121
第17章 软开关电路的计算机仿真 ·· 127
参考文献 ·· 131

第一部分　电力电子技术学习指导、习题集

第1章　绪　论

1. 本章要点

本章主要讲述了电力电子技术学科的定义、发展历史、研究内容、相关学科、电路分类以及应用领域等内容，是本书学习的重要基础。

本章的主要内容及要求包括：

(1) 掌握电力电子技术的概念，了解电力电子技术和信息电子技术的相同点以及它们之间的差异。

(2) 掌握根据电能的形式不同，电力电子电路所划分的四种类型，本书的学习就是围绕着这四种电路进行展开，在本章学习中应初步了解各种电路的主要应用，结合后面章节的学习，进一步掌握各种电路的工作原理和分析方法。

(3) 从研究内容来看，电力电子技术分为电力电子器件制造技术和变流技术两个分支，了解两个分支的研究内容；了解电力电子技术和与其密切相关的电力学、电子学、控制理论三门学科的关系。

(4) 掌握电力电子器件分类及发展历程，在此基础上把握电力电子技术学科的发展过程及发展趋势。

(5) 了解电力电子技术在一般工业领域、交通运输、电力系统、通信系统、计算机系统、新能源系统以及家用电器等领域中的主要应用。

2. 学习指导

电力电子技术的基本概念是学科的基础，理解时重点把握其中的两个关键词：电力电子器件和电能变换，这也是电力电子技术和信息电子技术及其他学科之间的主要区别。从研究内容来看，电力电子技术分为电力电子器件制造技术和变流技术两个分支，分别着重研究电力电子器件制造技术和应用技术，作为电气工程及自动化专业的学生学习时应在了解器件制造技术的基础上重点学习器件的应用技术即变流技术。

电力电子电路按照输入/输出电能形式可划分为四种类型，在本章的学习中应结合其应用初步理解电路的工作过程和应用场合，为以后章节的学习打下基础。

电力学、电子学、控制理论是在理论基础、应用领域等方面和电力电子技术密切相关的学科，学习时应了解各学科之间的关系，将其他相关课程所学到的知识与本学科的学习内容相互联系，以做到融会贯通，加深理解，为后续课程的学习打下良好的基础。

电力电子器件是电力电子技术发展的基础，学习中可以通过半控型电力电子器件——晶闸管的发明标志学科的产生以及全控型器件的出现使现代电力电子技术的应用产生了飞跃这两点来理解。初步了解常用的电力电子器件类型以及发展趋势，通过了解器件的发展，同时把握电力电子技术学科的发展过程以及发展趋势。

在电力电子技术的应用方面，了解电力电子技术在一般工业领域、交通运输、电力系统、通信系统、计算机系统、新能源系统以及家用电器等领域中的主要应用，以增加对本学科研究内容的了解，明确学习目标。学习中可特别以生活中经常接触的电气设备、家用电器的工作原理出发，分析设备对电能变换方面的需求及其实现方法，帮助自己建立电力电子装置的基本概念。

第 2 章　电力电子器件

2.1　本章要点和学习指导

1. 本章要点

本章的主要内容及要求包括：

（1）掌握电力电子器件的概念和特征、电力电子器件的工作方式及损耗的分类；了解电力电子装置的基本构成；按照器件的可控性能、驱动方式以及参与载流子类型等方面掌握电力电子器件的分类。

（2）掌握电力二极管的结构及工作原理；了解二极管的反向恢复特性、主要参数、分类及应用场合；掌握基于有效值相等原则的电力二极管额定电流的设计方法。

（3）了解晶闸管的结构，采用双晶体管模型分析晶闸管导通及关断条件；了解二极管的静动态特性、主要参数、分类及应用场合；掌握基于有效值相等原则的晶闸管额定电流的设计方法。

（4）了解门极可关断晶闸管（GTO）的关断原理，与晶闸管结构的差异；掌握电力场效应晶体管（MOSFET）、绝缘栅双极晶体管（IGBT）的结构、工作原理及主要特性和参数；掌握上述全控型电力电子器件优缺点及应用场合的对比。

（5）了解功率集成电路、智能功率模块的基本概念，了解电力电子器件的发展趋势。

2. 学习指导

本章首先介绍了电力电子器件的特征以及基于电力电子器件所构成的电力电子装置的基本结构，首先应从功率损耗角度（包括损耗的分类）理解电力电子器件的工作方式，建立电力电子装置结构的基本概念，以便后续章节的学习时建立知识点的关联，加深理解。

在各种具体的电力电子器件方面，本章按照不可控器件、半控型器件、典型全控型器件和其他新型器件的顺序，分别介绍各种电力电子器件的工作原理、基本特性、主要参数以及选择和使用中应注意的一些问题，而电力电子器件的驱动、保护和串/并联使用等实际应用时的具体问题将在第 9 章集中讲述。在这样的安排下，前面各章学习过的电力电子器件和电路的基本知识将有助于在第 9 章中理解器件实际应用于电路时的具体问题。

这里要指出的是，和学习、选用晶体管和集成电路等信息电子电路器件时一样，我们在学习电力电子器件时，最重要的是掌握其基本特性。此外，在学习和将来选用电力电子器件时，还应该注意了解各国、各厂家对各种电力电子器件具体型号的命名方法，特别是要了解每种器件各个主要参数和特性曲线的意义，在使用时更要熟练掌握所选器件的具体参数和特性曲线，以及对这些参数和曲线进行修正的方法。掌握电力电子器件的型号命名法，以及其参数和特性曲线的使用方法，这是在实际中正确应用电力电子器件的两个基本要求。

此外，了解电力电子器件的半导体物理结构和基本工作原理对于更好地理解和掌握这些器件的特性和使用方法很有帮助。许多电力电子器件都有其相对应的用于处理信息的电子器件。例如，电力二极管、电力晶体管和电力场效应晶体管就分别与处理信息的二极管、双极型晶体管和场效应晶体管相对应。从半导体物理结构和工作原理上来讲，这些电力电子器件与其在信息电子器件中的对应者基本是相同的；但是为了能承受高电压和大电流，这些电力电子器件又具有与其对应的信息电子器件所不同之处。而不同的电力电子器件在半导体物理结构上用来形成承受高电压和大电流能力的办法也有相同之处。这些都应该在学习电力电子器件的半导体物理结构和基本工作原理时加以注意。

2.2 习题和解答

1. 电力二极管与信息电子电路二极管的特性有哪些差异？

答：电力二极管为了建立承受高电压和大电流的能力，首先采用垂直导电结构，大大增加了通过电流的有效面积，提高器件的通流能力。其次为承受高电压，在 P 区和 N 区之间增加了低掺杂 N 区，由于掺杂浓度低，其中的电场强度近似不变，在同样电压条件下，降低了 PN 结中的电场强度峰值，保证器件不发生击穿现象。低掺杂 N 区高电阻率对正向导通压降的影响由电导调制效应来解决，即当器件正向导通电流较大时，由 P 区注入并累积在低掺杂 N 区的载流子使该区域的导通电阻显著下降。

2. 二极管在恢复阻断能力时为什么会形成反向电流和反向电压过冲？这种反向电流在电路使用中会带来什么问题？

答：由于电力二极管电导调制效应的影响，使二极管正向导通时在低掺杂 N 区中存储了大量的载流子，在施加反压时这些载流子在电压的作用下反向移动，就会形成反向电流。当存储的载流子被抽尽后，反向电流迅速衰减至零，器件关断。在反向电流衰减过程中，在外部电路电感（包括线路寄生电感等）上产生感应电压试图维持电流不变，由于反向电流衰减速度很快，从而使二极管两端产生较高的反向电压过冲。二极管的反向电流在电路中将引起其他电力电子器件的过电流、额外的功率损耗以及二极管的反向电压尖峰。

3. 按照特性的不同，二极管可分为哪几种类型，它们的应用场合是什么？

答：按照反向耐压及反向恢复特性的不同，二极管可分为三种类型：

(1) 普通二极管，反向恢复时间较长，正向导通压降较低，其正向电流定额和反向电压定额却可以达到很高，多用于开关频率不高（1kHz 以下）的整流电路中。

(2) 快恢复二极管，恢复过程很短（通常在 5μs 以下），正向导通压降高于普通二极管，简称快速二极管，其反向电压定额多数在 200～2000V 之间，主要用于开关频率较高的电力电子装置中。

(3) 肖特基二极管，这是以金属和半导体接触形成的势垒为基础的二极管。与以 PN 结为基础的电力二极管相比，肖特基二极管的优点在于：反向恢复时间很短（10～40ns），正向恢复过程中也不会有明显的电压过冲；在反向耐压较低的情况下其正向压降也很小，明显低于快恢复二极管；肖特基二极管的弱点在于：反向漏电流较大且对温度敏感,当所能承受的反向耐压提高时,其正向压降也会高得不能满足要求,因此多用于 200V 以下的低压场合。

4. 晶闸管导通和关断的条件是什么?

答:使晶闸管导通的条件是:晶闸管承受正向阳极电压的条件下,在晶闸管门极施加触发电流(脉冲)。即阳极与阴极间电压 $u_{AK}>0$ 且门极与阴极间电压 $u_{GK}>0$。晶闸管导通后维持晶闸管导通的条件是使晶闸管的电流大于能保持晶闸管导通的最小电流,即维持电流。

晶闸管导通后,门极失去控制作用,要使晶闸管由导通变为关断,可利用外加电压和外电路的作用使流过晶闸管的电流降到接近于零的某一数值以下,即降到维持电流以下,便可使导通的晶闸管关断。

5. 图 2-1 中的阴影部分为晶闸管处于通态区间的电流波形,电流最大值为 I_m,试计算波形的电流平均值 I_d 与电流有效值 I_1。如果考虑安全裕量为 2,应选择额定电流为多大的晶闸管?

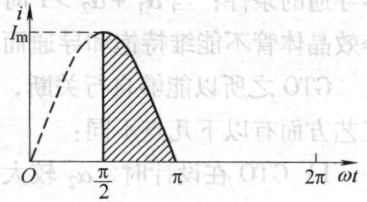

图 2-1 晶闸管导电波形

解:根据平均值及有效值的定义可得:

$$I_d = \frac{1}{2\pi}\int_{\frac{\pi}{2}}^{\pi} I_m \sin \omega t \, d(\omega t) = \frac{I_m}{2\pi}$$

$$I_1 = \sqrt{\frac{1}{2\pi}\int_{\frac{\pi}{2}}^{\pi}(I_m \sin \omega t)^2 d(\omega t)} = \frac{I_m}{2\sqrt{2}}$$

考虑安全裕量时,根据有效值相等原则选择晶闸管的额定电流为

$$I_{T(AV)} = \frac{2I_1}{1.57} = \frac{I_m}{1.57\sqrt{2}} = 0.45 I_m$$

6. 图 2-2 为某电路中 MOSFET 的工作电流波形,电流最大值为 10A,设 MOSFET 的导通电阻 $R_{dson}=0.5\Omega$,该电路中每次开关能量损耗为 $E_s=0.2mJ$,求当器件开关频率为 100kHz 时,器件的功率损耗。

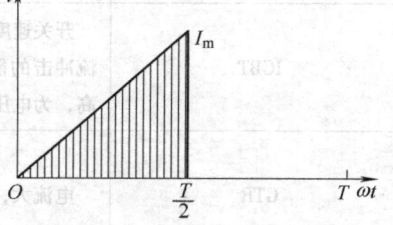

图 2-2 MOSFET 电流波形

解:MOSFET 流过的电流有效值为

$$I_1 = \sqrt{\frac{1}{T}\int_0^{\frac{T}{2}}\left(\frac{2I_m t}{T}\right)^2 d(t)} = \frac{I_m}{\sqrt{6}} = 4.08A$$

MOSFET 的通态损耗为

$$P_{on} = I_1^2 R_{dson} = 4.08^2 \times 0.5 W = 8.32 W$$

MOSFET 的开关损耗为

$$P_s = fE_s = 100 \times 10^3 \times 0.2 \times 10^{-3} W = 20 W$$

MOSFET 的总功率损耗为

$$P = P_{on} + P_s = (8.32 + 20) W = 28.32 W$$

7. 电力 MOSFET 及 IGBT 均为电压驱动型器件，其驱动电路是否需要提供驱动电流及驱动功率？

答：电力 MOSFET 及 IGBT 均为电压驱动型器件，在静态条件下栅极输入阻抗很高，因此驱动电路几乎不需要提供驱动电流及驱动功率。但由于电力 MOSFET、IGBT 存在输入电容 C_{in}，当需要器件开通或关断时需要驱动电路对输入电容充电或放电，以建立和消除驱动电压，因此当器件开通和关断瞬间，驱动电路需要提供驱动电流，当需要器件开关速度很快时，驱动电路需要提供的脉冲驱动电流峰值也很高。

8. GTO 和普通晶闸管结构有什么不同，为什么 GTO 能够具有自关断能力？

答：GTO 和普通晶闸管同为 PNPN 结构，由 $P_1N_1P_2$ 和 $N_1P_2N_2$ 构成两个晶体管 V_1、V_2，分别具有共基极电流增益 α_1 和 α_2，由普通晶闸管的分析可得，$\alpha_1 + \alpha_2 = 1$ 是器件临界导通的条件；当 $\alpha_1 + \alpha_2 > 1$ 时，两个等效晶体管过饱和而导通；当 $\alpha_1 + \alpha_2 < 1$ 时，两个等效晶体管不能维持饱和导通而关断。

GTO 之所以能够自行关断，而普通晶闸管不能，是因为 GTO 与普通晶闸管在设计和工艺方面有以下几点不同：

1) GTO 在设计时，α_2 较大，这样晶体管 V_2 控制灵敏，使 GTO 易于关断；

2) GTO 导通时的 $\alpha_1 + \alpha_2$ 更接近于 1，普通晶闸管 $\alpha_1 + \alpha_2 \geq 1.15$，而 GTO 则为 $\alpha_1 + \alpha_2 \approx 1.05$，GTO 的饱和程度不深，接近于临界饱和，这样为门极控制关断提供了有利条件；

3) 多元集成结构使每个 GTO 元阴极面积很小，门极和阴极间的距离大为缩短，使得 P_2 极区所谓的横向电阻很小，从而使从门极抽出较大的电流成为可能。

9. 试说明 IGBT、GTR、GTO 和电力 MOSFET 各自的优缺点。

解：对 IGBT、GTR、GTO 和电力 MOSFET 的优缺点的比较见表 2-1 所示。

表 2-1 IGBT、GTR、GTO 和电力 MOSFET 的优缺点的比较

器 件	优 点	缺 点
IGBT	开关速度较高，开关损耗小，具有耐脉冲电流冲击的能力，通态电压降较低，输入阻抗高，为电压驱动，驱动功率小	开关速度低于电力 MOSFET，电压、电流容量不及 GTO
GTR	电流大，通流能力强，饱和电压降低	开关速度低，为电流驱动，所需驱动功率大，驱动电路复杂，存在二次击穿问题
GTO	电压、电流容量大，适用于大功率场合，具有电导调制效应，其通流能力很强	电流关断增益很小，关断时门极负脉冲电流大，开关速度低，驱动功率大，驱动电路复杂，开关频率低
电力 MOSFET	开关速度快，输入阻抗高，热稳定性好，所需驱动功率小且驱动电路简单，工作频率高，不存在二次击穿问题	电流容量小，耐压低，一般只适用于功率较小的电力电子装置

第3章 整流电路

3.1 本章要点和学习指导

1. 本章要点

整流电路是电力电子电路中出现和应用最早的形式之一，本章讲述了整流电路及其相关的一些问题，是本书的一个重要组成部分，也是学习后面各章的一个重要基础。

本章的主要内容及要求包括：

（1）可控整流电路，重点掌握：电力电子电路作为分段线性电路进行分析的基本思想、单相全控桥式整流电路的原理与计算、三相全控桥式整流电路的原理分析与计算、各种负载对整流电路工作情况的影响。

（2）电容滤波的不可控整流电路的工作情况，重点了解其工作特点。

（3）与整流电路相关的一些问题，包括：

1）变压器漏抗对整流电路的影响。重点建立换相电压降、重叠角等概念，并掌握相关的计算，熟悉漏抗对整流电路工作情况的影响。

2）整流电路的谐波和功率因数分析。重点掌握谐波的概念、各种整流电路产生谐波情况的定性分析、功率因数分析的特点、各种整流电路的功率因数分析。

（4）大功率可控整流电路的接线形式及特点。熟悉双反星形可控整流电路的工作情况，建立整流电路多重化的概念。

（5）可控整流电路的有源逆变工作状态。重点掌握产生有源逆变的条件、三相可控整流电路有源逆变工作状态的分析计算、逆变失败及最小逆变角的限制等。

（6）晶闸管可控整流电路等相控电路的相位控制，即触发电路。重点熟悉锯齿波移相触发电路的原理，了解集成触发芯片及其组成的三相桥式全控整流电路的触发电路，建立同步的概念，掌握同步电压信号的选取方法。

2. 学习指导

整流电路的学习可从各种电路的基本分类开始，注意目前主要的分类方法：按组成的器件可分为不可控、半控、全控三种电路；按电路结构可分为桥式电路和零式电路；按交流输入相数分为单相电路和多相电路；按变压器二次电流的方向是单向或双向，可分为单拍电路和双拍电路。

首先应该注意最基本最常用的几种可控整流电路，分析和研究其工作原理、基本关系，以及负载性质对整流电路的影响，然后集中分析变压器漏抗对整流电路的影响，对目前应用极其广泛的电容滤波的二极管整流电路，注重其特性分析和输入、输出的主要物理量波形分析并对其波形特点进行总结。在上述分析讨论的基础上，对整流电路的谐波和功率因数进行分析,主要注意其与普通线性电路之间的区别。对于应用于大功率场合的整流电路要注重其要求,根据要求的不同,组成的大功率电路也有其不同的特点。最后重点学习模拟电路组成的整流电路相位控制实现。

学习整流电路的工作原理时,要根据电路中的开关器件通、断状态及交流电源电压波形和负载的性质,分析其输出直流电压,电路中各元器件的电压和电流波形。在重点掌握各种整流电路中的波形分析方法的基础上,得到整流输出电压与移相触发延迟角之间的关系。

3.2 习题和解答

1. 带续流二极管的单相半波可控整流电路如图3-1所示,$R=5\Omega$,L足够大,$U_2=220V$,求触发延迟角 $\alpha=30°$ 时输出电压和电流的平均值 U_d、I_d,并画出 u_d、i_d、u_{VT}、i_{VT} 和 i_{VD} 的波形。

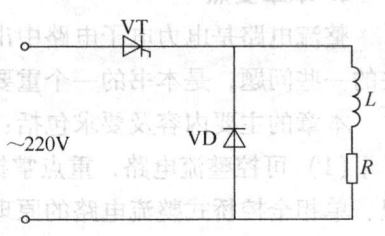

图 3-1 带续流二极管的单相半波可控整流电路

解:(1) $U_d = \dfrac{\sqrt{2}U_2}{2\pi}(1+\cos\alpha) = 92.4V$

$I_d = \dfrac{U_d}{R} = 18.5A$

(2) u_d、i_d、u_{VT}、i_{VT} 和 i_{VD} 的波形如图3-2所示。

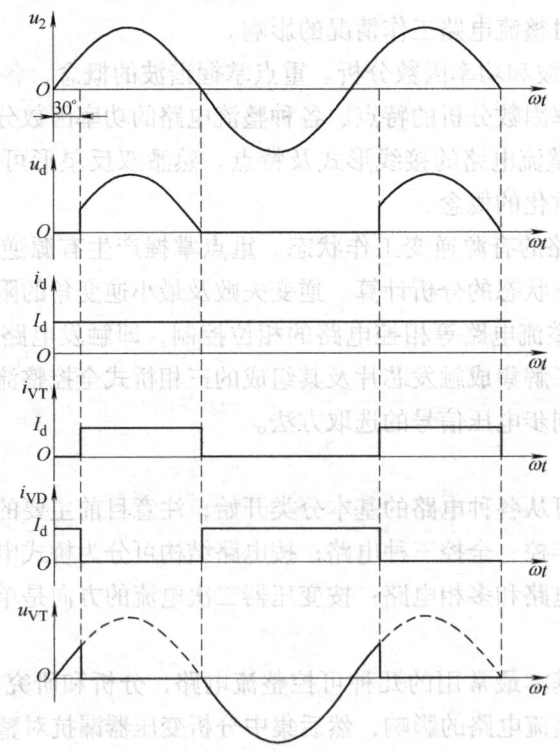

图 3-2 习题1波形图

2. 带续流二极管的单相桥式全控整流电路如图3-3所示，$U_2 = 100\text{V}$，$R = 10\Omega$，假设 L 足够大，$\alpha = 60°$，求：

（1）输出电压平均值 U_d、输出电流平均值 I_d、变压器二次电流有效值及其二次侧容量；

（2）考虑安全裕量，计算晶闸管的额定电压和额定电流；

（3）画出 u_d、i_d、i_2、i_{VT1} 和 u_{VT1} 的波形。

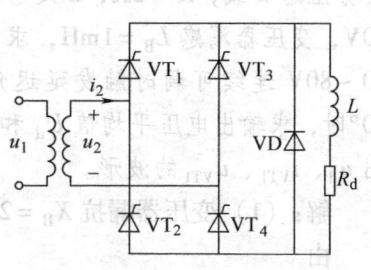

图 3-3 带续流二极管的单相桥式全控整流电路

解：（1）$U_d = 0.9 U_2 \dfrac{1 + \cos\alpha}{2} = 67.5\text{V}$

$$I_d = \dfrac{U_d}{R} = 6.75\text{A}$$

变压器二次电流有效值为 $I_2 = \sqrt{\dfrac{\pi - \alpha}{\pi}} I_d = 5.5\text{A}$

变压器二次侧容量 $S = U_2 I_2 = 550\text{V}\cdot\text{A}$

（2）晶闸管承受的最大反向电压为 $\sqrt{2} U_2 = 141.4\text{V}$

流过每个晶闸管的电流的有效值为 $\sqrt{\dfrac{\pi - \alpha}{2\pi}} I_d = 3.9\text{A}$

故晶闸管的额定电压为 $U_N = (2 \sim 3) \times 141.4\text{V} = (283 \sim 424)\text{V}$

晶闸管的额定电流为 $I_N = \dfrac{(1.5 \sim 2) \times 3.9}{1.57}\text{A} = (3.73 \sim 5)\text{A}$

（3）u_d、i_d、i_2、i_{VT1} 和 u_{VT1} 的波形如图3-4所示。

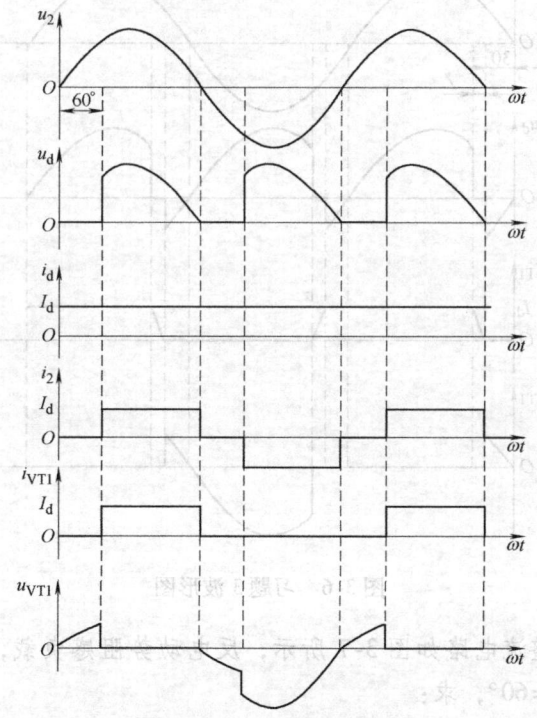

图 3-4 习题 2 波形图

3. 单相全波可控整流电路如图 3-5 所示, 反电动势阻感负载, $R=2\Omega$, L 足够大, $U_2=100V$, $E=40V$, 变压器漏感 $L_B=1mH$, 求当输出电压平均值为 $50\sim80V$ 连续可调时触发延迟角 α 的范围; 当 $\alpha=30°$ 时, 求输出电压平均值 U_d 和换相重叠角 γ, 并画出 u_d、i_{VT1}、u_{VT1} 的波形。

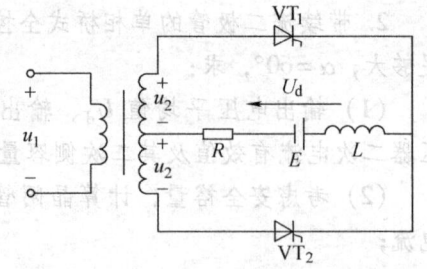

图 3-5 单相全波可控整流电路

解: (1) 变压器漏抗 $X_B=2\pi f L_B=0.1\pi\Omega$

由

$$\left. \begin{array}{l} U_d = \dfrac{2\sqrt{2}}{\pi}U_2\cos\alpha - \dfrac{X_B I_d}{\pi} \\ I_d = \dfrac{U_d - E}{R} \end{array} \right\} \quad (1)$$

可得, 当 $U_d=50V$ 时, α 取最大值, $\alpha_{max}\approx 55.9°$; 当 $U_d=80V$ 时, α 取最小值, $\alpha_{min}\approx 24.4°$, 因此 α 的取值范围为 $24.4°\sim 55.9°$。

当 $\alpha=30°$ 时, 由式 (1) 得 $U_d=76.2V$, $I_d=18.1A$;

由 $\cos\alpha - \cos(\alpha+\gamma) = \dfrac{I_d X_B}{\sqrt{2}U_2}$ 得, $\gamma=4.3°$。

(2) u_d、i_{VT1}、u_{VT1} 的波形如图 3-6 所示。

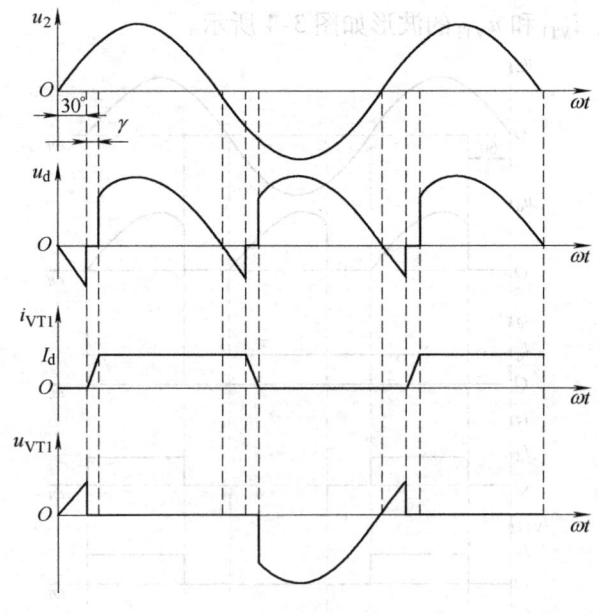

图 3-6 习题 3 波形图

4. 单相桥式半控整流电路如图 3-7 所示, 反电动势阻感负载, $U_2=110V$, $E=60V$, $R=2\Omega$, L 足够大, $\alpha=60°$, 求:

(1) 输出电压和输出电流的平均值 U_d、I_d;

(2) 考虑裕量，确定开关器件的额定电压和额定电流；

(3) 画出 u_d、i_d、i_{VT1}、u_{VT1}、u_{VD1} 的波形。

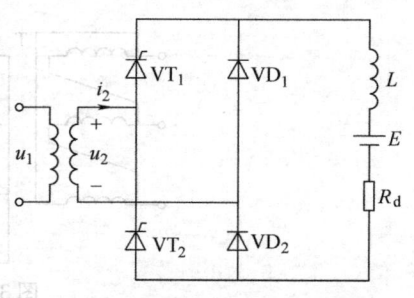

图 3-7 单相桥式半控整流电路

解：(1) $U_d = 0.9 U_2 \dfrac{1+\cos\alpha}{2} = 74.25\text{V}$

$I_d = \dfrac{U_d - E}{R} = 7.125\text{A}$

(2) 晶闸管承受的最大反向电压为 $\sqrt{2} U_2 = 110\sqrt{2}\text{V}$

流过晶闸管的电流的有效值为 $I_{VT} = \sqrt{\dfrac{\pi - \alpha}{2\pi}} I_d \approx 4.11\text{A}$

故晶闸管的额定电压为

$$U_N = (2 \sim 3) \times 110\sqrt{2}\text{V} = (311 \sim 466.69)\text{V}$$

晶闸管的额定电流为

$$I_N = (1.5 \sim 2) \times 4.11\text{A}/1.57 = (3.93 \sim 5.24)\text{A}$$

(3) u_d、i_d、i_{VT1}、u_{VT1} 和 u_{VD1} 的波形如图 3-8 所示。

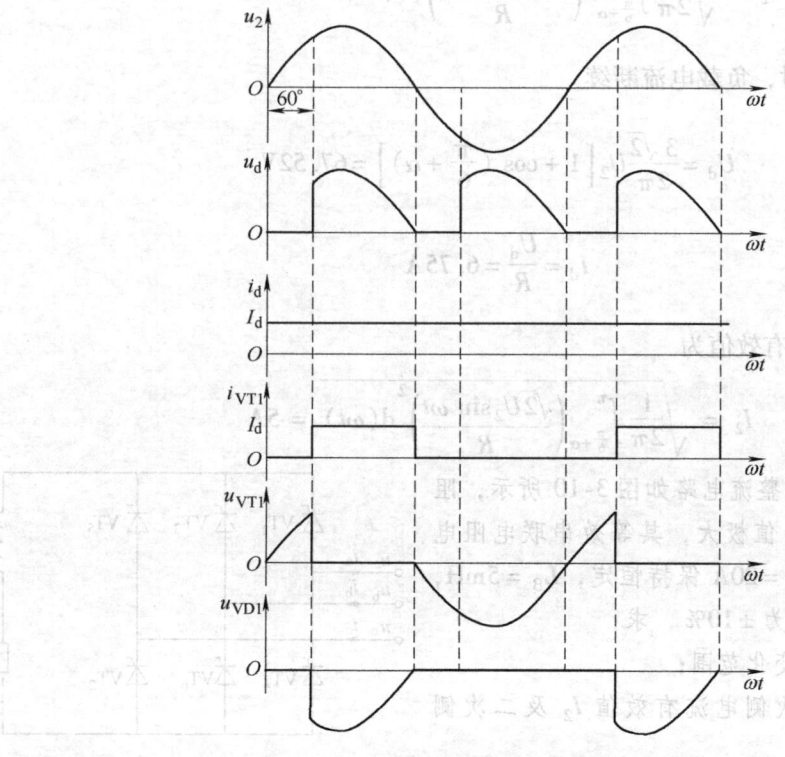

图 3-8 习题 4 波形图

5. 三相半波可控整流电路如图 3-9 所示，阻性负载，$U_2 = 100\text{V}$，$R = 10\Omega$，当 $\alpha = 30°$ 和 $\alpha = 60°$ 时，求取负载电压和电流的平均值 U_d、I_d 及变压器二次电流有效值。

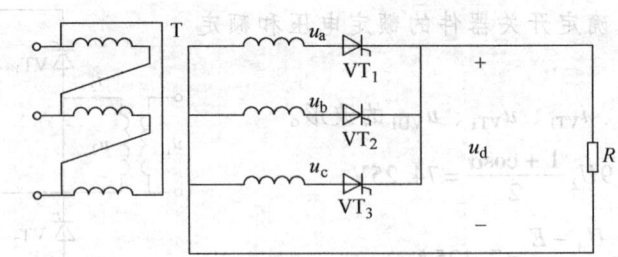

图 3-9 三相半波可控整流电路

解：(1) 当 $\alpha = 30°$ 时，负载电流连续

$$U_d = \frac{3\sqrt{6}}{2\pi}U_2\cos\alpha = 101.28\text{V}$$

$$I_d = \frac{U_d}{R} = 10.13\text{A}$$

变压器二次电流有效值为

$$I_2 = \sqrt{\frac{1}{2\pi}\int_{\frac{\pi}{6}+\alpha}^{\frac{5\pi}{6}+\alpha}\left(\frac{\sqrt{2}U_2\sin\omega t}{R}\right)^2 \mathrm{d}(\omega t)} = 6.06\text{A}$$

(2) 当 $\alpha = 60°$ 时，负载电流断续

$$U_d = \frac{3\sqrt{2}}{2\pi}U_2\left[1+\cos\left(\frac{\pi}{6}+\alpha\right)\right] = 67.52\text{V}$$

$$I_d = \frac{U_d}{R} = 6.75\text{A}$$

变压器二次电流有效值为

$$I_2 = \sqrt{\frac{1}{2\pi}\int_{\frac{\pi}{6}+\alpha}^{\pi}\left(\frac{\sqrt{2}U_2\sin\omega t}{R}\right)^2 \mathrm{d}(\omega t)} = 5\text{A}$$

6. 三相桥式全控整流电路如图 3-10 所示，阻感负载，$R = 10\Omega$，L 值极大，其等效串联电阻电压降为 $\Delta U = 10\text{V}$，$I_d = 20\text{A}$ 保持恒定，$L_B = 5\text{mH}$，若供电电压变化范围为 $\pm 10\%$，求：

(1) U_2 和 α 的变化范围；

(2) 变压器二次侧电流有效值 I_2 及二次侧容量；

(3) 当 $\alpha = 30°$ 时，求换相重叠角 γ，并作出 u_d、i_{VT1} 的波形。

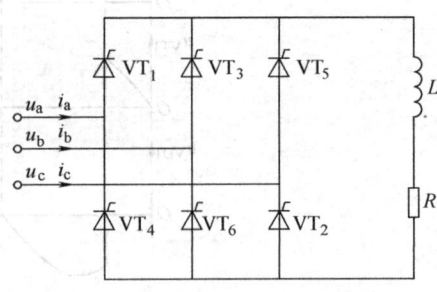

图 3-10 三相桥式全控整流电路

解：(1) $X_B = 2\pi f L_B = 0.5\pi\Omega$，因此由变压器漏感所引起的电压降为

$$\Delta U_{\mathrm{d}} = \frac{3X_{\mathrm{B}}}{\pi}I_{\mathrm{d}} = \frac{3 \times 0.5\pi}{\pi} \times 20\mathrm{V} = 30\mathrm{V}$$

$$U_{\mathrm{d}} = 2.34U_2\cos\alpha - \Delta U_{\mathrm{d}} - \Delta U$$

又 $$U_{\mathrm{d}} = RI_{\mathrm{d}} = 200\mathrm{V}$$

因此 $$2.34U_2\cos\alpha = 240\mathrm{V}$$

为可靠换相取 $\alpha \geq 30°$，当 $\alpha = 30°$ 时，U_2 取最小值，即

$$U_{2\min} = \frac{240}{2.34 \times \cos 30°}\mathrm{V} = 118.43\mathrm{V}$$

由于供电电压变化范围为 ±10%，由此可得出

$$U_2 = \frac{U_{2\min}}{0.9} = 131.59\mathrm{V}$$

当 $U_{2\max} = 1.1U_2 = 144.75\mathrm{V}$ 时，α 取最大值，计算得 $\alpha_{\max} = 44.9°$。

所以 $U_2 \approx 132\mathrm{V}$，$\alpha$ 的变化范围为 $30° \leq \alpha \leq 44.9°$。

（2） $$I_2 = \sqrt{\frac{2}{3}}I_{\mathrm{d}} = 16.33\mathrm{A}$$

$$S = 3U_2I_2 = 6.446\mathrm{kV \cdot A}$$

（3）当 $\alpha = 30°$ 时，由 $\cos\alpha - \cos(\alpha + \gamma) = \frac{2I_{\mathrm{d}}X_{\mathrm{B}}}{\sqrt{6}U_2}$ 得，$\gamma = 17.85°$。

u_{d}、i_{VT1} 的波形如图 3-11 所示。

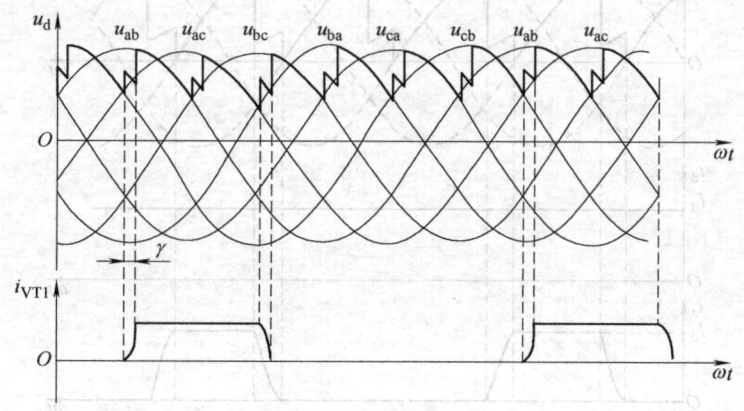

图 3-11 习题 6 波形图

7. 带续流二极管的三相半波可控整流电路如图 3-12 所示，反电动势阻感负载，$\omega L \gg R$，$R = 2\Omega$，$L_{\mathrm{B}} = 10\mathrm{mH}$，负载电流平均值 $I_{\mathrm{d}} = 10\mathrm{A}$ 为恒值，$E = 30\mathrm{V}$，分别求当 $\alpha = 30°$ 和 $\alpha = 60°$ 时的 U_2 和 γ，并作出当 $\alpha = 30°$ 时，u_{d}、i_{d} 和 i_{a} 的波形。

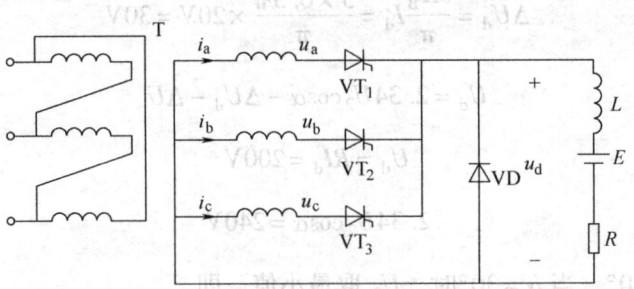

图 3-12 带续流二极管的三相半波可控整流电路

解：$X_B = 2\pi f L_B = \pi\Omega$

由 $I_d = \dfrac{U_d - E}{R}$ 可知，$U_d = 50\text{V}$。

（1）当 $\alpha = 30°$ 时，续流二极管中不通过电流，电路等效为不带续流二极管。

$$U_d = \frac{3\sqrt{6}}{2\pi}U_2\cos\alpha - \frac{3X_B I_d}{2\pi}$$

$$U_2 = 64.17\text{V}$$

由 $\cos\alpha - \cos(\alpha+\gamma) = \dfrac{2X_B I_d}{\sqrt{6}U_2}$ 得，$\gamma = 32.21°$。

u_d、i_d 和 i_a 的波形如图 3-13 所示。

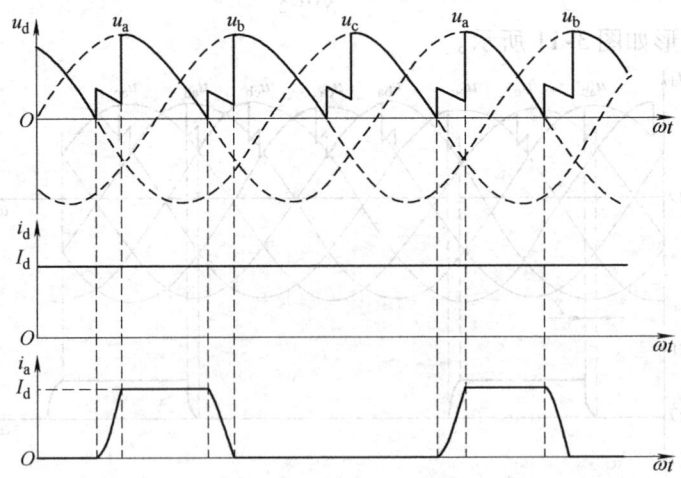

图 3-13 习题 7 波形图

（2）当 $\alpha = 60°$ 时，可近似认为变压器漏感所引起的平均输出电压降与未接续流二极管时相同。

$$U_d = \frac{3\sqrt{2}}{2\pi}U_2\left[1+\cos\left(\frac{\pi}{6}+\alpha\right)\right] - \frac{3X_B I_d}{2\pi}$$

$$U_2 = 96.26\text{V}$$

由 $\cos\alpha - \cos(\alpha+\gamma) = \dfrac{2X_B I_d}{\sqrt{6}U_2}$ 得，$\gamma = 16.5°$。

8. 三相全控桥式有源逆变电路，为加快电动机的制动过程、增大电枢电流，应如何调节 β 角？对于电枢电流为 10A 的电动机制动系统，当 $U_2 = 220\text{V}$、$L_B = 5\text{mH}$ 时，考虑安全裕量，为防止逆变失败，求 β 的最小值 $\beta_{\min}$。

解：（1）在有源逆变条件下

$$I_d = \frac{-2.34U_2\cos\beta - (-E)}{R} = \frac{E - 2.34U_2\cos\beta}{R}$$

R 为电枢回路总电阻，若要增大电枢电流，则 β 角应增大；但需注意的是，若 β 小于其最小容许值，则可能会造成逆变失败。

（2）$X_B = 2\pi f L_B = 0.5\pi\Omega$

由 $\cos\gamma = 1 - \dfrac{2I_d X_B}{\sqrt{6}U_2}$ 得 $\gamma = 19.66°$。取晶闸管关断时间折合的电角度 $\delta = 5°$，安全裕量角为 $\theta' = 10°$，则 $\beta_{\min} = \gamma + \delta + \theta' \approx 35°$。

9. 单相桥式全控整流电路如图 3-14 所示，电动机负载，$U_2 = 220\text{V}$，平波电抗器 L 足够大，负载电流 $I_d = 40\text{A}$，电枢电阻 $R_a = 2\Omega$，晶闸管 VT_1、VT_3 以触发延迟角 α_1 触发，晶闸管 VT_2、VT_4 以触发延迟角 α_2 触发，试就以下情况计算输出电压平均值 U_d 及电动机反电动势 E_M，并作出 u_d、i_d、i_{VT1} 和 i_{VT2} 的波形。

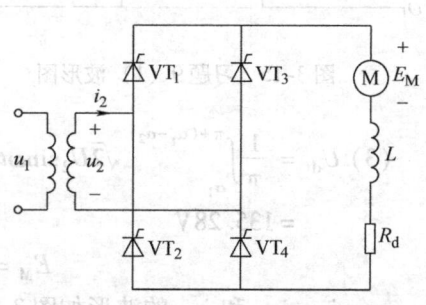

图 3-14 单相桥式全控整流电路

（1）$\alpha_1 = \dfrac{\pi}{3}$，$\alpha_2 = 0$；

（2）$\alpha_1 = \dfrac{\pi}{3}$，$\alpha_2 = \dfrac{\pi}{3}$；

（3）$\alpha_1 = \dfrac{\pi}{3}$，$\alpha_2 = \dfrac{\pi}{6}$。

解：（1）$U_d = \dfrac{2\sqrt{2}U_2}{\pi}\cdot\dfrac{1+\cos\alpha_1}{2} = 148.5\text{V}$

由 $I_d = \dfrac{U_d - E_M}{R_a}$ 得，$E_M = U_d - I_d R_a = 68.5\text{V}$。

u_d、i_d、i_{VT1} 和 i_{VT2} 的波形如图 3-15 所示。

（2）$\alpha = \alpha_1 = \alpha_2 = \dfrac{\pi}{3}$，$U_d = \dfrac{2\sqrt{2}}{\pi}U_2\cos\alpha = 99\text{V}$

$$E_M = U_d - I_d R_a = 19\text{V}$$

u_d、i_d、i_{VT1} 和 i_{VT2} 的波形如图 3-16 所示。

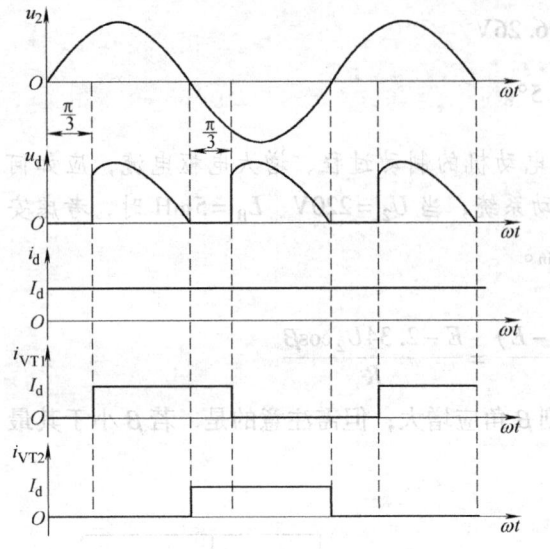

图 3-15 习题 9（1）波形图

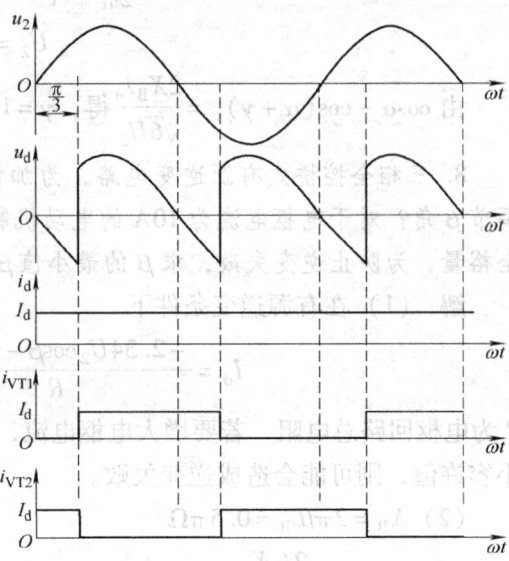

图 3-16 习题 9（2）波形图

(3) $U_d = \dfrac{1}{\pi}\displaystyle\int_{\alpha_1}^{\pi+(\alpha_1-\alpha_2)} \sqrt{2}U_2\sin\omega t\,d(\omega t) = \dfrac{\sqrt{2}U_2}{\pi}[\cos\alpha_1 + \cos(\alpha_1-\alpha_2)]$

$= 135.28\text{V}$

$E_M = U_d - I_d R_a = 55.28\text{V}$

u_d、i_d、i_{VT1} 和 i_{VT2} 的波形如图 3-17 所示。

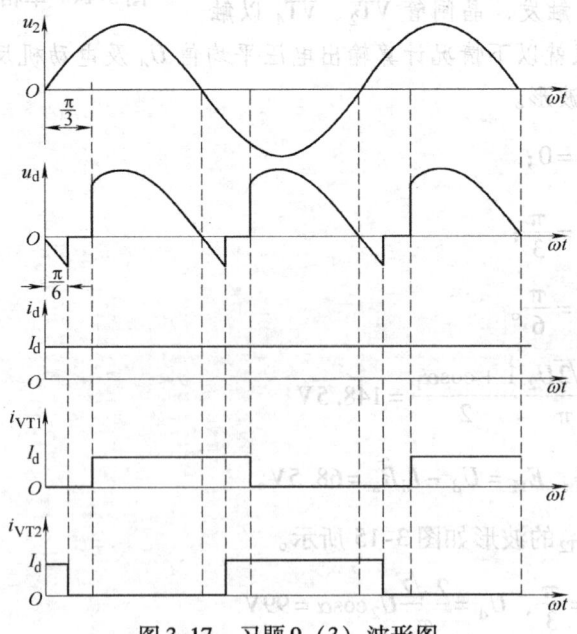

图 3-17 习题 9（3）波形图

10. 采用单相桥式全控整流电路供电的直流电动机系统,要求电动机电枢电流连续,且其平均值在 10~100A 范围内可调,$U_2 = 220\text{V}$,计算:

(1) 平波电抗器的电感值(临界电感值计算系数为 2.87);

(2) 考虑安全裕量,求晶闸管的额定电压和额定电流。

解:(1) $L_{\min} = 2.87 \dfrac{U_2}{I_{\text{dmin}}} \text{mH} = 63.14\text{mH}$

取 1.5 倍裕量,则 $L = 1.5 L_{\min} = 94.71\text{mH}$,因此可选取 100mH 电感。

(2) 晶闸管承受的最大反向电压为 $\sqrt{2}U_2 = 220\sqrt{2}\text{V}$

当输出平均电流为最大值,即当 $I_d = 100\text{A}$ 时,流过每个晶闸管的电流的有效值为 $I_{\text{VT}} = \dfrac{I_d}{\sqrt{2}} = 70.71\text{A}$,因此晶闸管的额定电压为

$$U_N = (2\sim3)\times 220\sqrt{2}\,\text{V} = (622.25\sim933.38)\text{V}$$

其额定电流为 $I_N = (1.5\sim2)\times\dfrac{70.71}{1.57}\text{A} = (67.56\sim90.08)\text{A}$

11. 5kW/250V 的直流电动机采用三相桥式全控整流电路供电,电枢电阻 $R_a = 5\Omega$,$L_B = 1\text{mH}$,$\alpha = 60°$,假设平波电抗器足够大,求:

(1) U_2 和反电动势 E;

(2) 变压器二次侧容量;

(3) 忽略开关器件的损耗,计算变压器二次侧的功率因数。

解:(1) 由题可知,$U_d = 250\text{V}$,$I_d = \dfrac{P}{U_d} = 20\text{A}$,$X_B = 2\pi f L_B = 0.1\pi\Omega$

由 $U_d = 2.34 U_2 \cos\alpha - \dfrac{3X_B I_d}{\pi}$ 得,$U_2 = 218.8\text{V}$

由 $I_d = \dfrac{U_d - E}{R_a}$ 得,$E = U_d - I_d R_a = 150\text{V}$

(2) $I_2 = \sqrt{\dfrac{2}{3}} I_d = 16.33\text{A}$

$$S_2 = 3 U_2 I_2 = 10.719\text{kV}\cdot\text{A}$$

(3) $\cos\varphi_2 = \dfrac{P}{S_2} \approx 0.47$

12. 三相桥式全控整流电路,阻感负载,$R = 5\Omega$,L 值极大,当 $\alpha = 30°$ 时,输出电压平均值为 $U_d = 200\text{V}$,分别求当 $X_B = 0$ 和 $X_B = 0.2\Omega$ 时的 U_2 和 a 相电流有效值 I_a;当 $X_B = 0.2\Omega$ 时,求换相重叠角 γ。

解:(1) 当 $X_B = 0$ 时,由 $U_d = 2.34 U_2 \cos\alpha$ 得

$$U_2 = 98.69\text{V}$$

$$I_a = \sqrt{\dfrac{2}{3}} I_d = \sqrt{\dfrac{2}{3}} \dfrac{U_d}{R} = 32.66\text{A}$$

(2) 当 $X_B = 0.2\Omega$ 时，$U_d = 2.34U_2\cos\alpha - \dfrac{3X_B I_d}{\pi}$，$I_d = \dfrac{U_d}{R}$，计算得

$$U_2 = 102.46\text{V}$$

$$I_a = \sqrt{\dfrac{2}{3}}I_d = \sqrt{\dfrac{2}{3}}\dfrac{U_d}{R} = 32.66\text{A}$$

由 $\cos\alpha - \cos(\alpha + \gamma) = \dfrac{2X_B I_d}{\sqrt{6}U_2}$ 得，$\gamma = 6.65°$。

13. 带续流二极管的三相全控桥式整流电路对大电感负载供电如图3-18所示，$R = 2.5\Omega$，$U_2 = 110\text{V}$，分别计算当 $\alpha = 30°$ 和 $\alpha = 90°$ 时输出电压平均值及开关器件电流平均值和有效值。

解：（1）当 $\alpha = 30°$ 时，续流二极管不导通，电路工作情况与未加续流二极管时相同。

$$U_d = 2.34U_2\cos\alpha = 222.91\text{V}$$

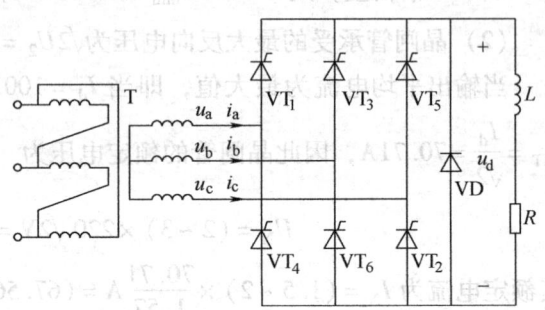

图3-18 带续流二极管的三相全控桥式整流电路

流过晶闸管的电流平均值 $I_{\text{VT(avg)}} = \dfrac{1}{3}I_d = \dfrac{U_d}{3R} = 29.72\text{A}$

流过晶闸管的电流有效值 $I_{\text{VT(rms)}} = \sqrt{\dfrac{1}{3}}I_d = \sqrt{\dfrac{1}{3}}\dfrac{U_d}{R} = 51.48\text{A}$

(2) 当 $\alpha = 90°$ 时，$U_d = 2.34U_2\left[1 + \cos\left(\dfrac{\pi}{3} + \alpha\right)\right] = 34.48\text{V}$

流过晶闸管的电流平均值 $I_{\text{VT(avg)}} = \dfrac{1}{6}I_d = \dfrac{U_d}{6R} = 2.3\text{A}$

流过晶闸管的电流有效值 $I_{\text{VT(rms)}} = \sqrt{\dfrac{1}{6}}I_d = \sqrt{\dfrac{1}{6}}\dfrac{U_d}{R} = 5.63\text{A}$

流过二极管的电流平均值 $I_{\text{VD(avg)}} = \dfrac{1}{2}I_d = \dfrac{U_d}{2R} = 6.9\text{A}$

流过二极管的电流有效值 $I_{\text{VD(rms)}} = \sqrt{\dfrac{1}{2}}I_d = \sqrt{\dfrac{1}{2}}\dfrac{U_d}{R} = 9.75\text{A}$

14. 三相全控桥为直流电动机负载供电，电枢电阻 $R_a = 3.75\Omega$，平波电抗器足够大，其等效串联电阻 $R_l = 2\Omega$，$U_2 = 220\text{V}$，$L_B = 4.5\text{mH}$，若电动机工作于回馈制动状态，$E_M = -400\text{V}$，求 $\beta = \dfrac{\pi}{3}$ 时的 U_d、I_d、γ 值及电动机发出的有功功率。

解：$X_B = 2\pi f L_B = 0.45\pi\Omega$

$$U_d = -2.34U_2\cos\beta - \dfrac{3X_B}{\pi}I_d$$

$$I_d = \frac{U_d - E}{R_a + R_1}$$

计算得，$U_d = -284.5\text{V}$，$I_d = 20.1\text{A}$

由 $\cos(\pi - \beta) - \cos(\pi - \beta + \gamma) = \dfrac{2X_B I_d}{\sqrt{6} U_2}$ 得，$\gamma = 7.26°$

$$P = U_d I_d = -5.718\text{kW}$$

所以电动机发出的功率为 5.718kW。

15. 在图3-19所示的三相不可控整流电路中，直流侧电流 I_d 恒为 20A，计算以下情况下负载的平均功率：

（1）供电电源为 220V 市电；

（2）供电电源为三相对称方波电压，其幅值为 $220\sqrt{2}\text{V}$，频率为 50Hz。

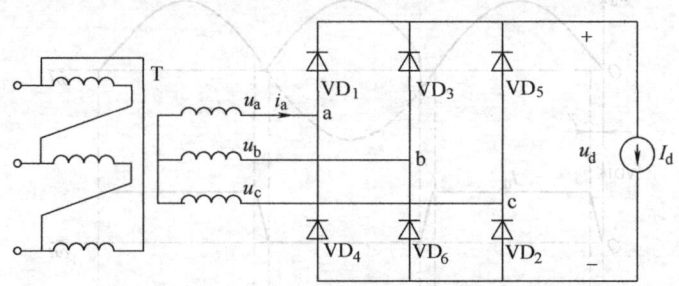

图3-19 三相不可控整流电路

解：（1）$U_d = 2.34 U_2 = 514.8\text{V}$

$$P_o = U_d I_d = 514.8 \times 20\text{W} = 10.296\text{kW}$$

（2）$U_d = 2U_m = 440\sqrt{2}\text{V}$

$$P_o = U_d I_d = 440\sqrt{2} \times 20\text{W} = 12.445\text{kW}$$

16. 单相桥式全控整流电路如图3-20所示，$U_2 = 220\text{V}$，$L_B = 2\text{mH}$，$I_d = 20\text{A}$，$\alpha = 60°$，计算输出电压平均值 U_d 和换相重叠角 γ。

解：$X_B = 2\pi f L_B = 0.2\pi\Omega$

$$U_d = 0.9 U_2 \frac{1 + \cos\alpha}{2} - \frac{2X_B I_d}{\pi} = 140.5\text{V}$$

由 $\cos\alpha - \cos(\alpha + \gamma) = \dfrac{2 I_d X_B}{\sqrt{2} U_2}$ 得，$\gamma = 5.21°$。

17. 三相桥式全控整流电路如图3-21所示，$U_2 = 220\text{V}$，$I_d = 20\text{A}$，分别计算当 $\alpha = 60°$ 和 $\alpha = 90°$ 时输出电压平均值 U_d。

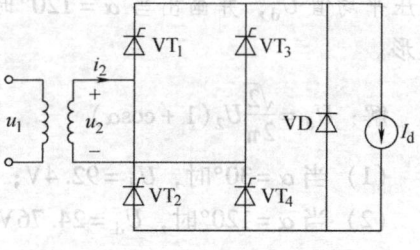

图3-20 单相桥式全控整流电路

解：（1）当 $\alpha = 60°$ 时，$U_d = 2.34 U_2 \cos\alpha = 257.4\text{V}$

（2）当 $\alpha = 90°$ 时，$U_d = 2.34 U_2 \left[1 + \cos\left(\dfrac{\pi}{3} + \alpha\right)\right] = 68.97\text{V}$

18. 单相桥式不可控整流电路，大电感负载，$U_2 = 220V$，$R = 10\Omega$，$L_B = 1mH$，求输出电压和输出电流的平均值 U_d、I_d 和 γ，并作出 u_d、u_{VD1} 和 i_{VD1} 的波形。

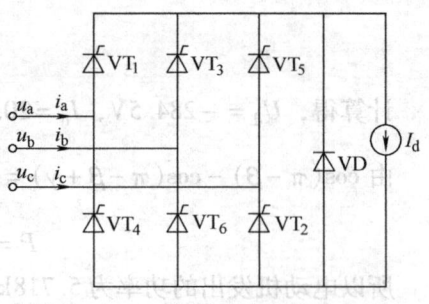

图 3-21 三相桥式全控整流电路

解：$X_B = 2\pi f L_B = 0.1\pi \Omega$

由 $U_d = 0.9U_2 - \dfrac{2X_B I_d}{\pi}$、$I_d = \dfrac{U_d}{R}$ 得，$U_d = 194.12V$，$I_d = 19.4A$。

由 $\cos\alpha - \cos(\alpha + \gamma) = \dfrac{2X_B I_d}{\sqrt{2} U_2}$、$\alpha = 0$ 得，$\gamma = 16.09°$。

u_d、u_{VD1} 和 i_{VD1} 的波形如图 3-22 所示。

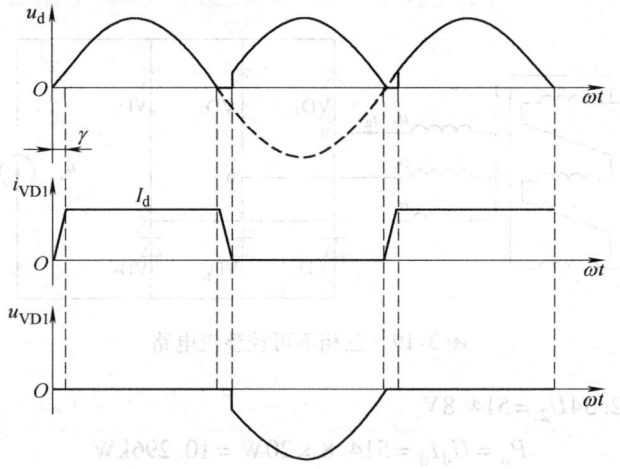

图 3-22 习题 18 波形图

19. 单相半波可控整流电路如图 3-23 所示，$U_2 = 220V$，$I_d = 15A$，分别计算当 $\alpha = 30°$ 和 $\alpha = 120°$ 时输出电压平均值 U_d，并画出当 $\alpha = 120°$ 时 u_d、u_{VT} 和 i_{VT} 的波形。

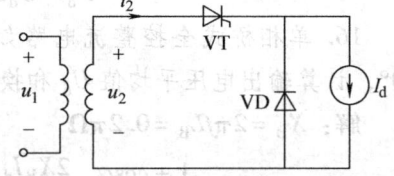

图 3-23 单相半波可控整流电路

解：$U_d = \dfrac{\sqrt{2}}{2\pi} U_2 (1 + \cos\alpha)$

(1) 当 $\alpha = 30°$ 时，$U_d = 92.4V$；

(2) 当 $\alpha = 120°$ 时，$U_d = 24.76V$；

(3) 当 $\alpha = 120°$ 时，u_d、u_{VT} 和 i_{VT} 的波形如图 3-24 所示。

20. 单相桥式全控整流电路如图 3-25a 所示，L 值极大，输出电流 i_d 中纹波可忽略。试求：

(1) 用 U_2 和 α 表示输出电压平均值 U_d；

(2) 输入端功率因数；

图 3-24 习题 19 波形图

(3) 给出 (1)、(2) 中所得结果正确时 α 的取值范围；

(4) 画出 u_d、i_d 和 i_2 的波形。

解：(1) L 值极大，C 为滤波电容，一般情况下，$\frac{1}{sC} \gg R$，则图 3-25b 虚线框中 $Z = sL + \left(\frac{1}{sC} // R\right) \approx sL + R$，可视为阻感负载。

因此，$U_d = \frac{2\sqrt{2}}{\pi} U_2 \cos\alpha$；

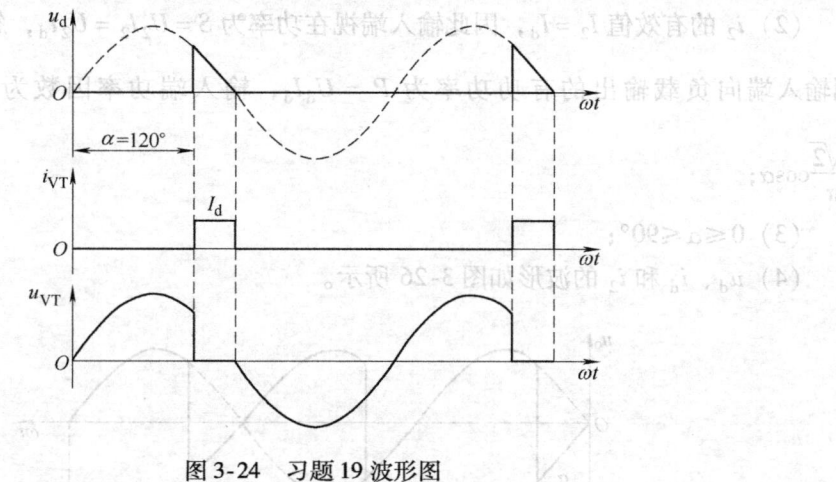

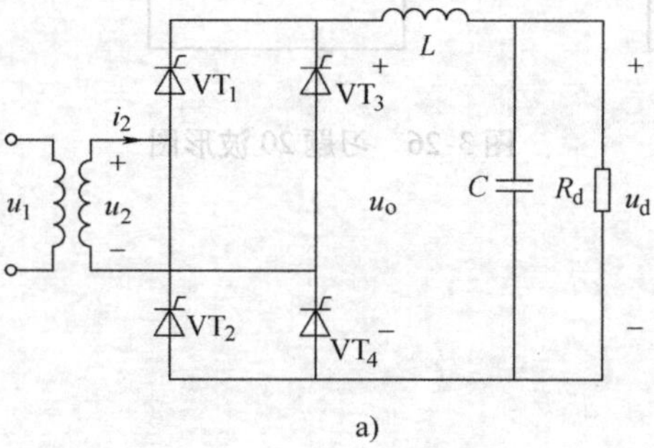

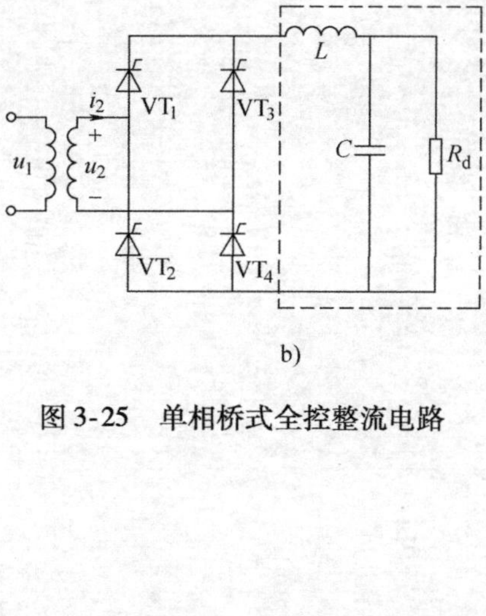

图 3-25 单相桥式全控整流电路

(2) i_2 的有效值 $I_2 = I_d$,因此输入端视在功率为 $S = U_2 I_2 = U_2 I_d$,忽略开关器件损耗,则输入端向负载输出的有功功率为 $P = U_d I_d$,输入端功率因数为 $\cos\varphi = \dfrac{P}{S} = \dfrac{U_d}{U_2} = \dfrac{2\sqrt{2}}{\pi}\cos\alpha$;

(3) $0 \leqslant \alpha \leqslant 90°$;

(4) u_d、i_d 和 i_2 的波形如图 3-26 所示。

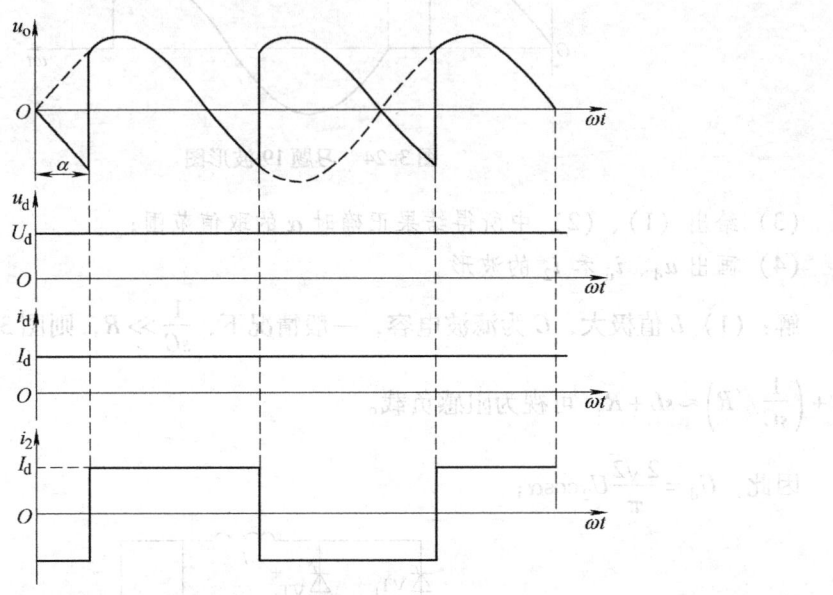

图 3-26 习题 20 波形图

第4章 逆变电路

4.1 本章要点和学习指导

1. 本章要点

(1) 掌握有源逆变、无源逆变的概念及主要应用场合。

(2) 掌握器件换流、电网换流、负载换流及强迫换流的原理、特点和使用场合。

(3) 掌握电压型和电流型逆变电路的概念、特点。

(4) 掌握单相半桥和全桥电压型逆变电路、三相桥式电压型逆变电路及三相桥式电流型逆变电路的工作原理，波形分析和输出电压、电流计算。

(5) 掌握并联谐振式逆变电路的电路构成、工作原理、换相过程及其波形分析、起动方法。

(6) 了解串联二极管式电容换相电流型逆变电路的电路构成、工作原理及换相过程分析，并以此为例了解强迫换流方式在电路中的应用。

(7) 了解逆变电路多重化的基本概念、原理、分类和实现方法，以中点钳位型三电平逆变电路为例了解多电平电路的拓扑结构、控制方法以及与两电平电路相比存在的优势。

2. 学习指导

(1) 与整流相对应，把直流电变为交流电的过程称为逆变。在逆变电路的学习中，首先需要明确有源逆变及无源逆变的概念，有源逆变是逆变电路的交流输出接至电网，而无源逆变的交流输出直接和负载相连接，有源逆变及无源逆变电路的这种差别导致电路使用的器件及换流方式存在不同，这也是主教材将有源逆变安排在第3章中讲述，而无源逆变单独设置章节介绍的原因。

(2) 由于晶闸管为半控型电力电子器件，而无源逆变电路中交流侧没有电源提供给晶闸管换流所需要的电压，因此无源逆变电路需要采用器件换流、负载换流或强迫换流方式实现电路的正常工作。包括电网换流在内的四种换流方式在逆变电路中均广泛应用，因此了解四种换流方式的原理及对电路及其负载的要求是理解逆变电路工作原理的基础，学习中可以结合各种换流方式的典型电路加深理解。随着全控型电力电子器件的广泛应用，器件换流方式的应用范围逐步扩大。在晶闸管时代，换流的概念十分重要，到了全控型器件时代，换流概念的重要性已有所下降，但它仍是电力电子电路的一个重要而基本的概念。

(3) 逆变电路根据直流侧电源的性质可以划分为电压源型和电流源型逆变电路，由于直流电源性质的差异，导致对电路输出波形、电力电子器件的要求及工作方式、无功能量的吸收方式等多方面产生影响。

电压源型逆变电路的直流侧电源通常采用交流输入的整流器或蓄电池等直流电源，为抑制电压波动，一般在直流母线并联大容量的电容，其特性近似为一理想电压源，因此使输出电压为方波，呈电压源特性。器件工作时通常采用上、下桥臂互补工作模式，所采用器件需反并联二极管，当负载向逆变器反馈无功能量时，将通过器件所并联的二极管对直流电容产生充电电流。

由于理想直流电流源并不多见，电流型逆变电路的直流侧通常采用直流电压源串联大电感构成。由于电感对交流呈现高阻抗，从而可近似看作恒定电流，因此使输出电流为方波，呈电流源特性，负载电压将由输出电流与负载阻抗决定。器件工作时通常采用左右桥臂换流的工作模式。当负载向逆变器反馈无功能量时，直流母线电流方向不变，逆变器的直流侧电压反向，向直流电感进行充电，因此所采用器件需具有反向阻断能力。

（4）在电压源型逆变电路中，单相半桥逆变电路是最为基本的电路，单相全桥及三相桥式逆变电路均可看作单相半桥电路的组合。因此，正确分析和理解半桥电路的工作原理十分重要。单相半桥逆变电路由上、下两个桥臂构成，在负载为阻感负载时，两个桥臂通常采用互补方式工作，这种工作方式也是电压型逆变电路最为常用的工作方式。

单相桥式逆变电路可以看作两个半桥电路串联构成，通过对两对桥臂控制信号的相位的调节，输出电压有效值可以在零至直流母线电压间连续调节，即同相时为零，反向为最大值——直流母线电压。这种方式即称为移相调压方式。

三相桥式逆变电路可以看作三个半桥电路构成，每个半桥的控制信号之间互差120°，因此输出的线电压为120°的方波。当负载中性点不与电源中性点相连时，通过求取两个中性点间的电压，可以获得负载的相电压波形。

（5）在电流型逆变电路中，采用晶闸管的电路仍然有较多的应用，主教材中以应用于中频感应加热的负载换流单相桥式电流型逆变电路、用于交流电动机驱动的强迫换流串联二极管式晶闸管逆变电路为例介绍电路的工作原理，从中可以了解负载换流方式与负载特性及电路工作频率间的关系，以及强迫换流电路的工作方式。

（6）逆变电路多重化的目的及实现方式与多重化整流电路相似，也是采用多个结构相同的电路单元通过串联或并联方式连接在一起，通过控制信号的相位错开一定角度，实现降低谐波的目的。多电平逆变电路能使逆变电路的输出电压具有更多种电平，使其波形更接近正弦波。此外，在电力电子器件耐压相同的情况下，可以使输出电压等级提升，也可以降低输出电压的变化率，降低对负载的不利影响。中性点钳位型三电平逆变电路是最具代表性的一种多电平电路，通过学习该电路，着重了解多电平电路的拓扑结构、控制方法以及与两电平电路相比存在的优势。

4.2 习题和解答

1. 什么是逆变？按照逆变电路输出负载的类型可分为哪些类型？不同类型电路的主要差异有哪些？

答：与整流相对应，把直流电变成交流电的过程称为逆变。根据逆变电路输出侧连接负载的形式，可分为有源逆变电路和无源逆变电路。当交流输出侧接在电网上，即交流侧接有电源时，称为有源逆变；当交流侧直接和负载连接时，称为无源逆变。有源逆变电路由于电网可以提供晶闸管换流所需的电压，可以采用晶闸管整流电路，只需改变其工作方式即可。无源逆变电路则需采用全控型电力电子器件构成的逆变电路，当采用晶闸管为开关器件时，则需要采用负载换流、强迫换流等方式使晶闸管关断，电路结构较为复杂。

2. 电力电子电路的换流方式有哪些？各种换流方式对器件或电路有何要求？

答：换流方式分为外部换流和自换流两大类，外部换流包括电网换流和负载换流两种，自换流包括器件换流和强迫换流两种。电网换流要求电路中存在电网交流电压源，为晶闸管提供换流所需要的电压。负载换流要求负载电流的相位超前于负载电压，即当负载为电容性负载时，就可实现负载换流。另外，当负载为同步电动机时，由于可以控制励磁电流使负载呈现为容性，因而也可以实现负载换流。器件换流是指全控型电力电子器件利用自身的关断能力进行换流，适用于采用全控型电力电子器件构成的电路。强迫换流是在晶闸管电路中设置强迫关断电路，给欲关断的晶闸管强迫施加反向电压或反向电流的换流方式。

3. 什么是电压型逆变电路？什么是电流型逆变电路？两者各有什么特点。

答：按照逆变电路直流侧电源性质分类，直流侧是电压源的逆变电路称为电压型逆变电路，直流侧是电流源的逆变电路称为电流型逆变电路。

电压型逆变电路的主要特点是：

1）直流侧为电压源，或并联有大电容，相当于电压源。直流侧电压基本无脉动，直流回路呈现低阻抗。

2）由于直流电压源的钳位作用，交流侧输出电压波形为矩形波，并且与负载阻抗角无关。而交流侧输出电流波形和相位因负载阻抗情况的不同而不同。

3）当交流侧为阻感负载时需要提供无功功率，直流侧电容起缓冲无功能量的作用。为了给交流侧向直流侧反馈的无功能量提供通道，逆变桥各桥臂都并联了反馈二极管。

电流型逆变电路的主要特点是：

1）直流侧串联有大电感，相当于电流源。直流侧电流基本无脉动，直流回路呈现高阻抗。

2）电路中开关器件的作用仅是改变直流电流的流通路径，因此交流侧输出电流为矩形波，并且与负载阻抗角无关。而交流侧输出电压波形和相位则因负载阻抗情况的不同而不同。

3）当交流侧为阻感负载时需要提供无功功率，直流侧电感起缓冲无功能量的作用。因为反馈无功能量时直流电流并不反向，因此不必像电压型逆变电路那样要给开关器件反并联二极管。

4. 电压型逆变电路及电流型逆变电路中对电力电子器件的特性要求有何差别？为什么？

答：在电压型逆变电路中，当负载向直流侧反馈无功能量时，直流电压极性不变，电流将反向流入直流侧，因此要求电力电子器件应具有反向导电能力，即逆导特性，通常将二极管与电力电子器件封装在一起构成。在电流型逆变电路中，当负载向直流侧反馈无功能量时，直流侧电流方向保持不变，而逆变器端的直流电压将反向，因此电力电子器件应具有反向阻断特性，即逆阻特性。由于一些全控型电力电子器件是逆导型或不具备反向承受电压能力，因此需要给器件串联二极管。

5. 试求采用移相调压方式工作的单相桥式逆变电路输出电压有效值、电压中各次谐波有效值与直流侧电压及移相角 θ 的关系式。

解：采用移相调压方式工作的单相桥式逆变电路输出电压波形如图 4-1 所示。

输出电压有效值为 $U_o = \sqrt{\dfrac{\theta}{\pi}} U_d$

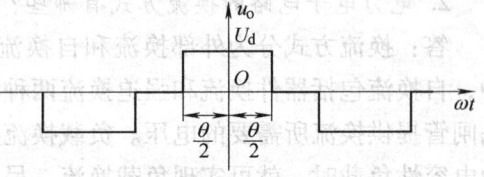

图 4-1 移相方式工作的单相桥式逆变电路输出电压

将输出电压波形分解为傅里叶级数，有

$$u_o = U_{o1m}\cos\omega t + U_{o3m}\cos3\omega t + U_{o5m}\cos5\omega t + \cdots$$

其中，$U_{onm} = \dfrac{2}{\pi}\int_{-\frac{\theta}{2}}^{\frac{\theta}{2}} U_d\cos n\omega t\, d(\omega t) = \dfrac{4U_d\sin\left(\dfrac{n\theta}{2}\right)}{n\pi}$

因此，各次谐波的有效值为

$$U_{on} = \left|\dfrac{U_{onm}}{\sqrt{2}}\right| = \left|\dfrac{2\sqrt{2}U_d\sin\left(\dfrac{n\theta}{2}\right)}{n\pi}\right|$$

6. 三相桥式电压型逆变电路，180°导电工作方式，直流侧电压 $U_d = 200\text{V}$。试求输出相电压的基波幅值 U_{UN1m} 和有效值 U_{UN1}、输出线电压的基波幅值 U_{UV1m} 和有效值 U_{UV1}、输出线电压中五次谐波的有效值 U_{UV5}。

解：输出相电压的基波幅值为

$$U_{UN1m} = \dfrac{2U_d}{\pi} = 0.637U_d = 127.4\text{V}$$

输出相电压的基波有效值为

$$U_{UN1} = \dfrac{U_{UN1m}}{\sqrt{2}} = 0.45U_d = 90\text{V}$$

输出线电压的基波幅值为

$$U_{UV1m} = \dfrac{2\sqrt{3}U_d}{\pi} = 1.1U_d = 220\text{V}$$

输出线电压的基波有效值为

$$U_{UV1} = \dfrac{U_{UV1m}}{\sqrt{2}} = \dfrac{\sqrt{6}}{\pi}U_d = 0.78U_d = 156\text{V}$$

输出线电压中五次谐波 u_{UV5} 的表达式为

$$u_{UV5} = \dfrac{2\sqrt{3}U_d}{5\pi}\sin5\omega t$$

其有效值为

$$U_{UV5} = \frac{2\sqrt{3}U_d}{5\sqrt{2}\pi} = 31.2\text{V}$$

7. 采用晶闸管构成的单相电流型逆变电路结构如图 4-2 所示，其中负载参数为：$R = 1\Omega$，$C = 100\mu\text{F}$，$L = 1\text{mH}$，为保证晶闸管安全换流（不考虑晶闸管的关断时间），求电路的工作频率范围。

解：首先求取负载的并联谐振频率 f_0，负载的阻抗为

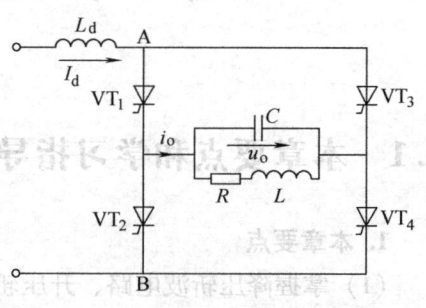

图 4-2 采用晶闸管的单相电流型逆变电路

$$Z = \frac{-j\frac{1}{\omega C}(R + j\omega L)}{-j\frac{1}{\omega C} + (R + j\omega L)}$$

$$= \frac{\left[R\omega L - \left(\omega L - \frac{1}{\omega C}\right)R\right] - j\left[\omega L\left(\omega L - \frac{1}{\omega C}\right) + R^2\right]}{\omega C\left[R^2 + \left(\omega L - \frac{1}{\omega C}\right)^2\right]}$$

负载谐振频率处，负载阻抗虚部为零，即 $\omega_0 L\left(\omega_0 L - \frac{1}{\omega_0 C}\right) + R^2 = 0$，因此

$$f_0 = \frac{\omega_0}{2\pi} = \frac{\sqrt{\frac{L}{C} - R^2}}{2\pi L} = \frac{\sqrt{\frac{0.001}{100 \times 10^{-6}} - 1^2}}{2\pi \times 0.001}\text{Hz} = 477\text{Hz}。$$

由于采用晶闸管的单相电流型逆变电路需要采用负载换流方式工作，仅在负载的并联谐振频率之上可以保证晶闸管正常换流，因此电路的工作频率范围是大于 477Hz。

8. 在中性点钳位型三电平逆变电路中，输出各相对直流中点的电压电平有几种？输出线电压波形中有几种电平？

答：在中性点钳位型三电平逆变电路中每个桥臂由两个全控型器件构成，每相输出根据上、下桥臂中器件的导通情况可以实现对直流中点 $\pm U_d/2$ 和 0 三种电平，因此称为三电平电路。通过相电压之间的相减可得到线电压，因而三电平逆变电路的输出线电压可以产生 $\pm U_d$、$\pm U_d/2$ 和 0 五种电平。

第5章 直流-直流变流电路

5.1 本章要点和学习指导

1. 本章要点

（1）掌握降压斩波电路、升压斩波电路、升降压斩波电路、Cuk 斩波电路、Sepic 斩波电路和 Zeta 斩波电路等六种基本斩波电路的电路结构、工作波形。

（2）掌握用分段线性电路的方法对电路进行分析和计算的过程，在电流连续状态下的输出电压的计算方法，了解电流断续对输出电压的影响。

（3）掌握利用不同的基本斩波电路进行组合构成的复合斩波电路，如电流可逆斩波电路、桥式可逆斩波电路的工作原理；了解利用相同的基本斩波电路进行组合，构成多相多重斩波电路的结构及特点。

（4）掌握带隔离的直流-直流变流电路与基本斩波电路相比的优点及其分类。

（5）掌握正激电路的结构，了解磁心复位的概念，掌握在输出电流连续时，输出电压的计算方法。

（6）掌握反激电路的结构，掌握在输出电流连续时，输出电压的计算方法。

（7）掌握半桥、全桥及推挽电路的结构，掌握在输出电流连续时，输出电压的计算方法。

（8）掌握全波整流电路、全桥整流电路的结构及优缺点对比，了解同步整流的概念及适用场合。

2. 学习指导

直流-直流变流电路的功能是将直流电变为另一固定电压或可调电压的直流电，包括直接直流变流电路和间接直流变流电路。直接直流变流电路即非隔离型直流变流电路也称斩波电路。间接直流变流电路是隔离型直流变流电路，在直流变流电路中增加了交流环节，并采用变压器实现输入/输出间的隔离。习惯上，直流-直流（DC-DC）变换器包括以上两种情况，且甚至更多地指后一种情况。

（1）直流斩波电路包括六种基本斩波电路：降压斩波电路、升压斩波电路、升降压斩波电路、Cuk 斩波电路、Sepic 斩波电路和 Zeta 斩波电路，其中前两种是最基本的电路，应作为分析和理解的重点。分析着重理解电路的工作过程及工作波形，在定量计算时主要掌握在电流连续时输出电压平均值与占空比及输入电压的关系，分析中应合理应用以下两条原则便可方便地获得输出电压平均值关系式，即：当电路工作于稳态时，一个周期 T 中电感的电压平均值为零，电容的平均电流为零。当电流出现断续时，则可采用分段线性电路的分析方法进行计算，实践中通常通过计算机软件辅助进行计算。

(2) 将不同的基本斩波电路进行组合,可获得复合斩波电路,如将降压斩波电路与升压斩波电路组合可构成电流可逆斩波电路;将两个电流可逆斩波电路组合可构成桥式可逆斩波电路。基本斩波电路的输出电压及输出电流仅为单向,复合斩波电路可以实现电压或电流的正、负两种极性。将相同的基本斩波电路进行串联或并联组合,可以构成多相多重斩波电路,其特点及目的与整流电路的多重化相似,即提高输出功率、降低输出电压(或电流)的纹波,提高等效开关频率等。

(3) 带隔离的直流-直流变流电路结构比非隔离的基本斩波电路复杂,但具有可实现输入与输出隔离、方便实现多路输出以及在输入/输出电压差别大时电路效率较高等优点;根据变压器绕组中的电流是否存在直流分量,可分为单端电路和双端电路。在正激电路中,磁心复位是该电路的特殊问题,学习时可以从变压器绕组的直流平均电压为零这一关系出发进行分析和理解。反激电路的工作模式与升降压斩波电路比较相似,只是将升降压电路中的电感换为两绕组的变压器,在开关器件关断后,电流通过变压器二次侧进行续流。半桥、全桥及推挽电路的工作原理和波形都是十分接近的,均是在变压器一次侧形成正负对称的高频交流电压,经变压器变压、隔离后整流得到直流电压,学习时可以相互对比进行理解。

(4) 全波整流及全桥整流电路是将高频交流电变为直流电的主要电路形式,它们的工作原理与第3章中学习的电路工作过程是相同的。同步整流是在低压整流输出电路中提高电路效率的主要手段,利用了低压MOSFET具有很低的导通电阻的特点,相关的器件知识可以参考第2章学习的内容。采用同步整流的电路除需要按照交流电压的极性施加相应的驱动信号以外,工作波形与二极管构成的整流电路完全相同。

5.2 习题和解答

1. 在图5-1所示的降压斩波电路中,已知$E=200V$,L值极大,蓄电池电压$E_M=36V$,蓄电池内阻$R=0.5\Omega$,$T=100\mu s$,$t_{on}=20\mu s$,计算输出电压平均值U_o、输出电流平均值I_o。

解:由于L值极大,故负载电流连续,于是输出电压平均值为

$$U_o = \frac{t_{on}}{T}E = \frac{20 \times 200}{100}V = 40V$$

输出电流平均值为

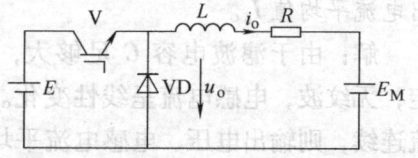

图5-1 带蓄电池负载的降压斩波电路

$$I_o = \frac{U_o - E_M}{R} = \frac{40-36}{0.5}A = 8A$$

2. 在图5-1所示的降压斩波电路中,$E=80V$,$L=1mH$,$R=1\Omega$,$E_M=40V$,采用脉宽调制控制方式,$T=200\mu s$,当$t_{on}=150\mu s$时,计算输出电压平均值U_o、输出电流平均值I_o,计算输出电流的最大和最小值(瞬时值),并判断负载电流是否连续。

解:由题目已知条件可得:

$$m = \frac{E_M}{E} = \frac{40}{80} = 0.5$$

$$\tau = \frac{L}{R} = \frac{0.001}{1} = 0.001$$

当 $t_{on} = 150\mu s$ 时，有

$$\rho = \frac{T}{\tau} = 0.2$$

$$\alpha\rho = \frac{t_{on}}{\tau} = 0.15$$

由于

$$\frac{e^{\alpha\rho} - 1}{e^{\rho} - 1} = \frac{e^{0.15} - 1}{e^{0.2} - 1} = 0.731 > m$$

所以输出电流连续。

此时输出平均电压为

$$U_o = \frac{t_{on}}{T}E = \frac{80 \times 15}{20}V = 60V$$

输出平均电流为

$$I_o = \frac{U_o - E_M}{R} = \frac{60 - 40}{1}A = 20A$$

输出电流的最大和最小值瞬时值分别为

$$I_{max} = \left(\frac{1 - e^{-\alpha\rho}}{1 - e^{-\rho}} - m\right)\frac{E}{R} = \left(\frac{1 - e^{-0.15}}{1 - e^{-0.2}} - 0.5\right)\frac{80}{1}A = 21.47A$$

$$I_{min} = \left(\frac{e^{\alpha\rho} - 1}{e^{\rho} - 1} - m\right)\frac{E}{R} = \left(\frac{e^{0.15} - 1}{e^{0.2} - 1} - 0.5\right)\frac{80}{1}A = 18.48A$$

3. 在图 5-2 所示的采用 LC 滤波器的降压斩波电路中，$E = 100V$，$L = 1mH$，$R = 10\Omega$，C 足够大，开关周期 $T = 100\mu s$，当占空比 $\alpha = 0.5$ 时，判断电感电流是否连续，计算输出电压平均值 U_o、输出电流平均值 I_o。

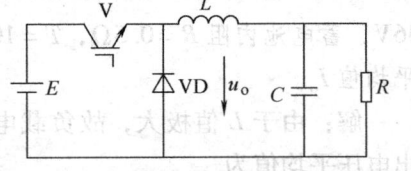

图 5-2 采用 LC 滤波器的降压斩波电路

解：由于滤波电容 C 足够大，因此输出电压恒定，无纹波，电感电流呈线性变化。首先假设电感电流连续，则输出电压、电感电流平均值及电感电流波动分别为

$$U_o = \alpha E = 0.5 \times 100V = 50V$$

$$I_L = I_o = \frac{U_o}{R} = \frac{50}{10}A = 5A$$

$$\Delta I = \frac{E - U_o}{L}\alpha T = \frac{100 - 50}{0.001} \times 50 \times 10^{-6}A = 2.5A$$

由于电感电流呈线性变化，因此电感电流最大值和最小值分别为

$$I_{L\max} = I_L + \frac{\Delta I}{2} = 5\text{A} + \frac{2.5}{2}\text{A} = 6.25\text{A}$$

$$I_{L\min} = I_L - \frac{\Delta I}{2} = 5\text{A} - \frac{2.5}{2}\text{A} = 3.75\text{A}$$

由于电感电流最小值大于0，因此假设正确，电感电流连续。

4. 试分析图5-2所示电路中，当输出滤波电容足够大时，电感纹波电流的最大值。

解：在图5-2中，当开关导通时电感电流增加，电流纹波表达式如下：

$$\Delta I_L = \frac{(E - U_o)\alpha T_S}{L}$$

在上式中可以看出，在同样电路参数下，U_o增加时，纹波电流将下降，而当电流断续时，U_o将高于电流连续状态，因此纹波电流最大值将在电流连续状态发生，将电流连续状态时输出电压表达式代入得

$$\Delta I_L = \frac{E(1-\alpha)\alpha T_S}{L}$$

对上式取极值可得在占空比为0.5时，纹波电流最大值为

$$\Delta I_{L\max} = \frac{ET_S}{4L}$$

5. 在升压斩波电路中，已知输入电压$E = 100\text{V}$，L值和C值足够大，负载电阻$R = 50\Omega$，采用脉宽调制控制方式，当开关周期$T = 50\mu s$、$t_{on} = 30\mu s$时，计算输出电压平均值U_o、输出电流平均值I_o。

解：由于L、C数值足够大，因此电路工作于电流连续状态。输出电压平均值为

$$U_o = \frac{T}{t_{off}}E = \frac{50}{50-30} \times 100\text{V} = 250\text{V}$$

输出电流平均值为

$$I_o = \frac{U_o}{R} = \frac{250}{50}\text{A} = 5\text{A}$$

6. 在图5-3所示电路中，电源电压$E = 100\text{V}$，直流电动机反电动势$E_M = 40\text{V}$，$R = 1\Omega$，L足够大，期望电动机产生10A的回馈制动电流，试求开关管的工作占空比α、电动机的制动功率P_M及回馈至电源的功率P_0。

解：根据稳态时一个周期T内电感L两端电压u_L对时间的积分为零，即电感平均电压为零，可得以下方程：

$$E_M = RI_L + U_V$$

其中，U_V为开关管两端平均电压，其表达式为：$U_V = (1-\alpha)E$，代入上式得

$$E_M = RI_L + (1-\alpha)E$$

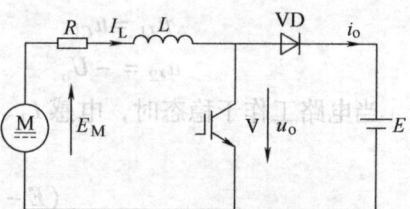

图5-3 用于直流电动机回馈能量的升压斩波电路

$$\alpha = 1 - \frac{E_M - RI_L}{E} = 1 - \frac{40 - 10 \times 1}{100} = 0.7$$

电动机的制动功率为

$$P_M = E_M I_L = 40 \times 10 \text{W} = 400 \text{W}$$

回馈至电源的功率为

$$P_0 = EI_0 = E(1-\alpha)I_L = 100 \times (1-0.7) \times 10 \text{W} = 300 \text{W}$$

7. 试绘制 Speic 斩波电路和 Zeta 斩波电路的原理图，并推导其输入/输出关系。

解：Sepic 电路的原理图如图 5-4 所示。

在 V 导通 t_{on} 期间

$$u_{L1} = E$$
$$u_{L2} = u_{C1}$$

在 V 关断 t_{off} 期间

$$u_{L1} = E - U_0 - u_{C1}$$
$$u_{L2} = -U_o$$

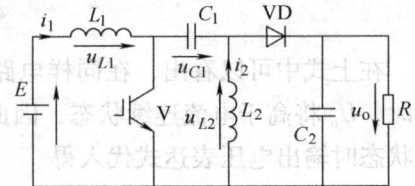

图 5-4 Sepic 斩波电路

当电路工作于稳态时，电感 L_1、L_2 的电压平均值均为零，则下面的式子成立

$$Et_{on} + (E - U_0 - u_{C1})t_{off} = 0$$
$$u_{C1}t_{on} - U_o t_{off} = 0$$

由以上两式即可得出

$$U_o = \frac{t_{on}}{t_{off}} E$$

Zeta 电路的原理图如图 5-5 所示。

在 V 导通 t_{on} 期间

$$u_{L1} = E$$
$$u_{L2} = E - u_{C1} - U_o$$

在 V 关断 t_{off} 期间

$$u_{L1} = u_{C1}$$
$$u_{L2} = -U_o$$

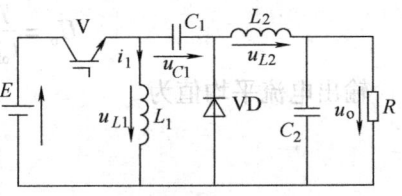

图 5-5 Zeta 斩波电路

当电路工作于稳态时，电感 L_1、L_2 的电压平均值均为零，则下面的式子成立

$$Et_{on} + u_{C1}t_{off} = 0$$
$$(E - U_o - u_{C1})t_{on} - U_o t_{off} = 0$$

由以上两式即可得出

$$U_o = \frac{t_{on}}{t_{off}} E$$

8. 在图 5-6 所示的带蓄电池负载的电流可逆斩波电路中，电源 $E_1 = 250\text{V}$，L 值足够大，蓄电池电压 $E_2 = 220\text{V}$，蓄电池内阻 $R = 0.5\Omega$，若想通过开关管的占空比控制蓄电池分别处于 10A 电流充电及

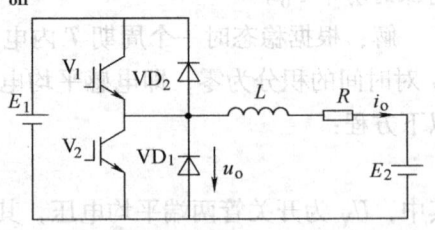

图 5-6 带蓄电池负载的电流可逆斩波电路

10A 电流放电状态，求开关管 V_1 及开关管 V_2 的导通占空比。

解：在电流可逆斩波电路的控制中，可以采用以下两种方案：

（1）当输出电流为正时，应控制开关管 V_1 的占空比调节输出电流；相应地，当输出电流为负时，应控制开关管 V_2 的占空比调节输出电流。

（2）使开关管 V_1 及 V_2 互补工作，即 $\alpha_1 = 1 - \alpha_2$。

由于方式 2 不存在信号的切换也不存在主电路电流断续，是常用的控制方法。在这种方式下，斩波器输出电压与开关管 V_1 占空比间的关系为

$$U_o = \alpha_1 E_1$$

因此，当蓄电池充电时，有

$$\alpha_1 = \frac{U_o}{E_1} = \frac{E_2 + RI_o}{E_1} = \frac{220 + 0.5 \cdot 10}{250} = 0.9$$

$$\alpha_2 = 1 - \alpha_2 = 1 - 0.9 = 0.1$$

蓄电池放电时，有

$$\alpha_1 = \frac{U_o}{E_1} = \frac{E_2 + RI_o}{E_1} = \frac{220 - 0.5 \cdot 10}{250} = 0.86$$

$$\alpha_2 = 1 - \alpha_2 = 1 - 0.86 = 0.14$$

9. 在图 5-7 所示的正激电路中，$U_i = 100V$，变压器绕组电压比 $N_1 : N_2 : N_3 = 2 : 1 : 1$，滤波电感 L 足够大使电感电流处于连续状态，求输出电压的调节范围及开关管 S 承受的电压值。

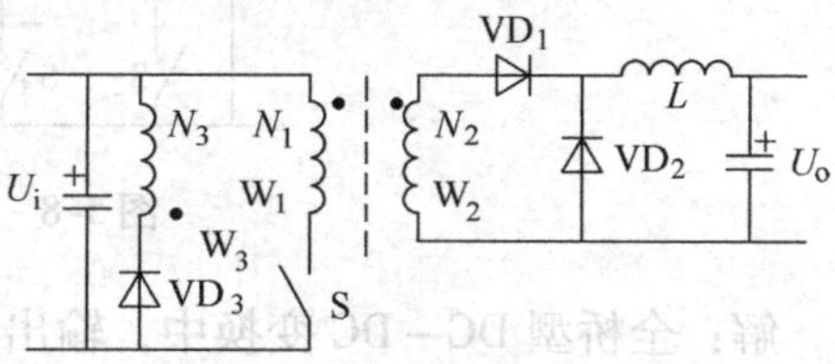

解：在正激电路中，需要保证变压器的磁心复位，开关管的导通时间与复位时间的关系为

$$t_{rst} = \frac{N_3}{N_1} t_{on}$$

开关管的最大导通时间为

图 5-7　正激电路的原理图

$$t_{on\,max} = T - t_{rst} = T - \frac{N_3}{N_1} t_{on\,max}$$

即

$$t_{on\,max} = \frac{T}{1 + N_3/N_1} = \frac{2}{3}T$$

当开关导通时间为 0 时，输出电压为 0，导通时间最大时，输出电压达到最大值：

$$U_{o\,max} = \frac{N_2}{N_1} \frac{t_{on\,max}}{T} U_i = \frac{1}{2} \times \frac{2}{3} U_i = \frac{1}{3} U_i$$

开关管承受的电压为

$$u_S = \left(1 + \frac{N_1}{N_3}\right) U_i = 3U_i$$

10. 试分析全桥整流电路和全波整流电路中二极管承受的最大电压、最大电流和平均电流，并比较它们的优缺点。

解：设两种电路的交流输入电压最大值均为 U_m、输出电流平均值均为 I_d，两种电路

中二极管承受最大电压、电流及平均电流的情况见表 5-1。

表 5-1 两种电路中二极管承受最大电压、电流及平均电流

	最大电压	最大电流	平均电流
全桥整流	U_m	I_d	$\frac{1}{2}I_d$
全波整流	$2U_m$	I_d	$\frac{1}{2}I_d$

由表 5-1 可以看出，全桥整流电路具有二极管耐压低、变压器结构简单的优点，但所需器件数量多，器件通态损耗大；全波整流电路具有二极管数量少、器件通态损耗小的优点，但变压器结构复杂，二极管耐压高。因此全桥整流电路适合高电压输出场合，全波整流电路适合低电压输出场合。

11. 在图 5-8 所示的全桥型 DC – DC 变换电路中，$U_i = 150\text{V}$，变压器绕组电压比 $N_1 : N_2 = 2 : 1$，滤波电感 L 足够大，试计算当输出电压为 48V 时（忽略开关管及整流二极管的导通压降），开关管 $S_1 \sim S_4$ 的导通占空比；当负载电流为 10A 时，计算开关管流过的电流峰值。

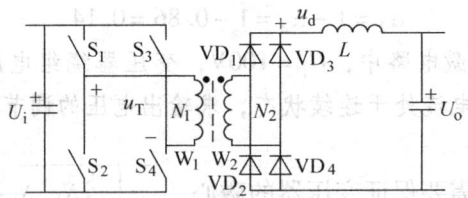

图 5-8 全桥型 DC – DC 电路

解：全桥型 DC – DC 变换中，输出电压与开关器件导通时间的关系为

$$\frac{U_o}{U_i} = \frac{N_2}{N_1} \frac{2t_{on}}{T}$$

由此可得开关器件导通占空比为

$$\alpha = \frac{t_{on}}{T} = \frac{N_1}{2N_2} \frac{U_o}{U_i} = \frac{2}{2 \times 1} \times \frac{48}{150} = 0.32$$

在开关导通期间，变压器二次绕组输出电流在数值上等于滤波电感电流，由于滤波电感足够大，使其等于负载电流；变压器一次电流流过开关管，因此开关管的峰值电流为

$$I_S = \frac{N_2}{N_1} I_o = \frac{1}{2} \times 10\text{A} = 5\text{A}$$

第6章 交流－交流变流电路

6.1 本章要点和学习指导

1. 本章要点

（1）掌握交流－交流变流电路的分类及其基本概念。

（2）掌握单相交流调压电路的电路构成，熟练分析在电阻负载和阻感负载时的工作原理和电路波形，掌握电阻负载时的电路计算方法。

（3）了解三相交流调压电路的基本构成和基本工作原理。

（4）了解交流调功电路和交流电力电子开关的基本概念。

（5）掌握晶闸管相位控制交－交变频电路的电路构成、工作原理和输入/输出特性。

（6）了解矩阵式交－交变频电路的基本概念。

（7）了解各种交流－交流变流电路的主要应用。

2. 学习指导

（1）在交流－交流变流电路的分类及其基本概念方面，应宏观地把握交流－交流变流电路的类型，其中的关键点在于输入和输出交流电的频率关系以及电力电子器件的控制规律。交流电力控制电路是只改变电压、电流值或对电路的通断进行控制，不改变频率。其中交流调压电路采用相位控制；交流调功电路采用以交流电源周波数为控制单位的整周期控制，控制目标为负载功率；交流电力电子开关通常没有明确的控制周期，而只是根据需要控制电路的接通和断开。改变频率的电路是交－交变频电路，通过中间直流环节来改变频率的间接变频电路，不属于本章讲述范围。在学习了10.2节的交－直－交变频电路后，通过两种变频电路的比较将会对本章的交－交变频电路有更深的理解。

（2）采用相位控制方式的单相交流调压电路为本章重点之一，在理解上可以采用整流电路章节中的相位控制概念。对电阻负载电路应熟练掌握电路的工作波形和各项输出参数的计算。其中应注意在非正弦条件下负载功率、功率因数的计算方法。在电阻电感负载条件下，重点掌握移相范围与负载阻抗角的关系。由于该电路在触发延迟角 $\alpha > \phi$ 时，电路的计算较为复杂，主要了解采用教材中给出的图表进行电路计算的思路，有条件的情况下，可以通过计算机仿真的方法确定电路准确的计算结果。

（3）三相交流调压电路的结构有多种形式，其中以星形联结、支路控制三角形联结方式较为常用，分析和理解主要以这两种电路为主。在星形联结方式中，若存在中性线，则三相各晶闸管工作无相互影响，因此该电路与三个单相交流调压电路的工作过程完全相同；若无中性线，则三相间必须有两个或两个以上晶闸管导通才能构成导电回路，因此电路有且只有三种工作状态：三相导通、两相导通和三相均不导通。结合教材中对该三种方式下输出电压的分析结果就可以较为容易地理解电路的工作波形。在三角形联结方式中，三相各晶闸管工作也无相互影响，因此该电路与三个单相交流调压电路的工作过程完全相同，需要考虑的问题是电源电流是两相负载电流的合成，将两相电流相加获得。该电路的一个典型应用为晶闸管控制电抗器（TCR），将在第10章中进行介绍。

（4）交流调功电路主要是针对热惯性较大的加热负载设计的以交流电源周波数为控制单位的整周期控制方案，控制目标为负载功率，电路结构和交流调压电路完全相同。主要优点为负载电压（电流）为完整的正弦波，干扰较小。控制周期的长短主要依靠负载的热时间常数确定，控制周期长则调节的连续性较好，但负载的温度波动较大，反之则相反。交流电力电子开关的电路结构与交流调压电路也基本相同，主要差别在于控制方式没有明确的控制周期，通断频率一般也较低，与机械开关相比具有响应速度快、寿命长等优点。电路的一个典型应用为晶闸管投切电容器（TSC），将在第10章中进行介绍。

（5）晶闸管相位控制交-交变频电路是目前仍然应用较广的一种变频电路，其主要工作原理仍然是晶闸管的相位控制。可控整流电路的工作原理和分析方法在这里完全适用，只不过电路通常由两组晶闸管全控电路反并联而成，并通过触发延迟角的调制及两组整流电路的交替工作形成所需的交流输出。单相交-交变频电路中正反组如何交替工作及各自的工作状态是重点，理解时可以从晶闸管的单相导电性入手，了解负载电流方向决定哪组整流器工作的原理，然后根据电压与电流的极性所决定的输出功率正负确定整流器工作于整流或逆变状态。

在交-交变频器特性方面，由于输出电压是由输入电网电压拼接而成，因此当输出电压周期缩短时，拼接的段数减少，波形畸变率上升，因而交-交变频器只适合低频输出的场合。由于采用晶闸管相控方式，使电源电流始终滞后于电源电压。输出电压低时，无论正负半周，整流器的触发延迟角始终在90°附近变化，因此功率因数随着输出电压的下降而下降。此外，由于触发延迟角不断变化而产生的调制效应，使输入电流及输出电压中在原直流工作时存在的谐波基础上增加了旁频成分，使频率成分变得十分复杂。正是由于以上问题决定了交-交变频电路的适用场合。

三相交-交变频电路可以看作三个单相电路的组合，因此工作过程和原理基本相同。需要注意的是为了防止各个单相电路间形成短路回路，形成了三相交-交变频电路的两种电路结构。另外，由于三个单相电路输入电流的互补及谐波抵消效应，使三相交-交变频电路的功率因数、谐波情况与单相电路相比有所改善。

（6）矩阵式交-交变频电路是基于全控型电力电子器件构成的交-交变换电路，对比矩阵式变频电路与晶闸管式交-交变频电路，可以将三相晶闸管式交-交变频电路看作三个"三相输入单相输出"的矩阵式变换电路，只不过由于采用了晶闸管，其控制性能受到了很大的制约。采用全控型电力电子器件后增加了电路的可控性，在保持交-交直接变换电路优点的基础上，具备了更为良好的输入/输出性能。理解其控制原理可以从输出一相电压与输入电压、控制占空比的关系式入手，将三相电压方程组合就构成联系输出电压与输入电压的占空比矩阵。仿照上述过程也可获得输入电流与输出电流间关系的方程式。由于矩阵式变换电路控制方法的复杂性，使其还未进入实用化阶段。初学者可着重于电路原理及特征的学习和了解。

6.2 习题和解答

1. 试比较采用晶闸管构成的交流调压电路与变压器构成的调压电路的优缺点。

答：采用晶闸管构成交流调压电路无磁性元件，体积小、重量轻，通过调节触发延迟角即可方便地调节输出电压，但随着触发延迟角的增大，电源电流及输出电压出现谐波，设备功率因数也随之下降，会对电网设备产生不利影响。采用变压器构成的调压电路的体积和重量较大，需要通过接触器进行有级调节，或采用含有伺服电动机控制可移动碳刷的自耦变压器进行调节，调节速度慢、复杂；但在调节过程中不会产生谐波，输出电压及电源电流波形质量好，不会产生干扰，且功率因数高，降低了对电网设备容量的要求。

2. 一电阻负载由单相交流调压电路供电，电源电压 $U_1 = 220\text{V}$，负载电阻 $R = 10\Omega$。求电路的最大输出功率，以及当 $\alpha = 90°$ 时的输出电压有效值、电流有效值、输出功率及输入功率因数。

解：单相交流调压电路当 $\alpha = 0$ 时的输出电压、输出功率最大，为

$$U_{\text{omax}} = U_1 = 220\text{V}$$

因此最大输出功率为

$$P_{\text{max}} = \frac{U_1^2}{R} = \frac{220^2}{10}\text{W} = 4840\text{W}$$

当 $\alpha = 90°$ 时，由教材中式（6-1）有

$$U_o = U_1 \sqrt{\frac{\sin 2\alpha}{2\pi} + \frac{\pi - \alpha}{\pi}}$$

$$= 220 \sqrt{\frac{\sin(2\pi/2)}{2\pi} + \frac{\pi - \pi/2}{\pi}} \text{V}$$

$$= 155.6\text{V}$$

此时

$$I_o = \frac{U_o}{R} = \frac{155.6}{10}\text{A} = 15.56\text{A}$$

$$P_o = I_o^2 R = 15.56^2 \times 10\text{W} = 2420\text{W}$$

$$\lambda = \frac{P_o}{S} = \frac{P_o}{U_1 I_o} = \frac{2420}{220 \times 15.56} = 0.707$$

3. 一采用白炽灯及晶闸管调压电路构成的调光台灯，白炽灯泡额定功率100W，设白炽灯泡可看作恒值电阻负载，电源电压 $U_1 = 220\text{V}$。当灯功率需要在 20～100W 之间进行调节时，求电路中晶闸管触发延迟角 α 的调节范围。

解：白炽灯泡的等效电阻阻值为

$$R = \frac{U^2}{P} = \frac{220^2}{100}\Omega = 484\Omega$$

单相交流调压电路当 $\alpha = 0$ 时的输出电压、输出功率最大，均为额定值。

$$U_{\text{omax}} = U_1 = 220\text{V}$$

当输出功率为 20W 时,输出电压为

$$U_o = \sqrt{RP} = \sqrt{484 \times 20}\ \text{V} = 98.4\text{V}$$

由教材中式 (6-1) 有

$$U_o = U_1 \sqrt{\frac{\sin 2\alpha}{2\pi} + \frac{\pi - \alpha}{\pi}}$$

$$98.4 = 220 \sqrt{\frac{\sin(2\alpha)}{2\pi} + \frac{\pi - \alpha}{\pi}}$$

解得

$$\alpha = 2.09\text{rad} = 120°$$

因此,晶闸管 α 角的调节范围是 $0 \sim 120°$。

4. 一交流调压装置,输入电源为单相工频 220V,负载为阻感串联,其中 $R = 1\Omega$,$L = 2\text{mH}$,装置采用变压器(假设为理想变压器)与基于晶闸管的单相调压电路相结合构成,要求负载输出功率在 $0 \sim 10\text{kW}$ 之间调节。试求:

(1) 负载电流的最大有效值及 α 角的调节范围;

(2) 变压器二次额定电压、额定容量以及最大输出功率时电源侧的功率因数;

(3) 当 $\alpha = \pi/2$ 时,晶闸管电流有效值、晶闸管导通角和电源侧功率因数。

解:(1) 当输出功率最大时,负载电流为最大值,因此

$$I_{\text{omax}} = \sqrt{\frac{P_{\text{omax}}}{R}} = \sqrt{\frac{10000}{1}}\ \text{A} = 100\text{A}$$

为降低变压器及晶闸管容量,并提高电网功率因数,应使输出功率最大时达到 α 角最小。负载阻抗角为

$$\varphi = \arctan\left(\frac{\omega L}{R}\right) = \arctan\left(\frac{2\pi \times 50 \times 2 \times 10^{-3}}{1}\right) = 0.561\text{rad} = 32.14°$$

因此,α 的变化范围为

$$\varphi \leq \alpha < \pi$$

即

$$0.561 \leq \alpha < \pi$$

(2) 当 $\alpha = \varphi$ 时,输出电压最大且与变压器二次电压相等,因此

$$U_2 = I_{\text{omax}} Z = 100 \sqrt{R^2 + (\omega L)^2} = 118\text{V}$$

变压器额定容量为

$$S = U_2 I_{\text{omax}} = 118 \times 100\text{V} \cdot \text{A} = 11.8\text{kV} \cdot \text{A}$$

输出功率最大时的功率因数也就是负载阻抗角的余弦,即

$$\cos\varphi = 0.847$$

(3) 当 $\alpha = \pi/2$ 时,先计算晶闸管的导通角,由教材中式 (6-7) 得

$$\sin\left(\frac{\pi}{2} + \theta - 0.561\right) = \sin\left(\frac{\pi}{2} - 0.561\right) e^{\frac{-\theta}{\tan\varphi}}$$

解上式可得晶闸管导通角为

$$\theta = 2.1\,\text{rad} = 120°$$

也可由教材中的图6-3估计出θ的值。

此时，晶闸管电流有效值为

$$I_{VT} = \frac{U_2}{\sqrt{2\pi}Z}\sqrt{\theta - \frac{\sin\theta\cos(2\alpha+\varphi+\theta)}{\cos\varphi}}$$

$$= \frac{118}{\sqrt{2\pi}\times 1.18}\times\sqrt{2.1 - \frac{\sin 2.1\times\cos(\pi+0.561+2.1)}{\cos 0.561}}\,\text{A} = 43.6\,\text{A}$$

电源侧功率因数为

$$\lambda = \frac{I_o^2 R}{U_2 I_o}$$

其中

$$I_o = \sqrt{2}I_{VT} = 61.7\,\text{A}$$

于是可得出

$$\lambda = \frac{I_o^2 R}{U_2 I_o} = \frac{61.7^2 \times 1}{118\times 61.7} = 0.522$$

5. 斩控式交流调压电路与采用晶闸管的调压电路相比有何特点？

答：斩控式交流调压电路采用由全控型器件组成的双向开关，通过对电源电压的斩波控制输出电压。当开关频率远高于电源频率时，通过适当的控制方式（通常为等占空比控制）并在输入及输出侧设置很小的滤波器就可使输入电流及输出电压成为正弦波，大大降低了谐波对电网及负载的影响。但电路的结构复杂，制造成本较高。

6. 三相星形联结的交流调压电路，负载中点与电源中点连接与否导致哪些差别？

答：三相星形联结的交流调压电路，如果负载中点与电源中点连接，则可等效为三个单相交流调压电路，三相晶闸管触发信号无需做特殊考虑，中性线中将流过较大的三次谐波电流。如果负载中点不与电源中点连接，则为保证同时有两个及以上晶闸管导通构成回路，三相晶闸管触发信号需采用宽脉冲或双窄脉冲触发，输出电流中将不含三次及三的倍数次谐波电流。

7. 对于电阻负载，采用过零触发的单相交流调功电路，当晶闸管导通时间为五个电源周期，关断时间为四个电源周期时，求输出电压有效值、输出功率与额定数值间的关系。

解：由于采用过零触发方式，晶闸管导通时，负载得到的是完整的电源电压，负载功率为额定功率，晶闸管关断时，负载电压（功率）为零。因此输出功率与额定功率的关系为

$$\frac{P}{P_n} = \frac{T_{on}}{T_{on}+T_{off}} = \frac{5}{5+4} = 0.56$$

输出电压有效值与额定电压的关系为

$$\frac{U}{U_n} = \sqrt{\frac{RP}{RP_n}} = 0.745$$

8. 如何确定交-交变频器在一个输出电压周期中两组晶闸管整流器的工作状态？

答：由于晶闸管的单向导电性，单组晶闸管整流器的输出电流方向是单方向的，这正是交-交变频器需要两组整流器构成的原因。由于负载电流是由交-交变频器中的整流器提供的，因此当负载电流为正时，该电流必然由正组整流器提供，反之则由反组整流器提供。单组整流器的输出电压会随着触发延迟角及负载条件为正值或负值，当输出电压与输出电流方向一致时输出功率为正，该能量来自交流输入，因此电路工作于整流状态；反之则为逆变状态。因此，交-交变频器输出的负载电流极性决定哪组整流器工作，输出电压与电流方向一致或相反决定该整流器是工作于整流或逆变状态。

9. 一台三相输入单相输出交-交变频装置，输入电压为380V（线电压），主电路结构为两套三相桥式全控电路反并联，求输出电压及频率的调节范围。

答：由于采用三相桥式全控电路，为保证输出的电压畸变率，输出上限频率通常为电源频率的1/3~1/2。因此输出频率范围大致为0~20Hz。

当三相桥式全控电路触发延迟角为0时，输出电压达到最大，其平均值为 U_d = 1.35U_{21} = 513V，即为输出正弦电压峰值，因此理想输出电压有效值的上限为 U_o = 513V/1.414 = 363V。输出电压范围为0~363V，考虑到最小逆变角等原因，实际上输出电压低于理想数值。

第7章 PWM控制技术

7.1 本章要点和学习指导

1. 本章要点

（1）掌握PWM控制的目的、基本原理及用三角波作为载波产生PWM波形的方法。
（2）掌握单极性调制、双极性调制、异步调制和同步调制的控制方法及优缺点。
（3）了解规则采样、低次谐波消去、空间矢量PWM等各种PWM波形的生成方法。
（4）了解SPWM波形中谐波的分布情况。
（5）熟悉PWM逆变电路及变频电路的各种主电路形式。
（6）了解提高PWM逆变电路的直流电压利用率及减少开关次数的各种方法。
（7）了解跟踪型PWM逆变电路的控制原理和控制方法。
（8）了解PWM整流电路的结构、控制方法及优点。

2. 学习指导

PWM控制技术是在电力电子领域有着广泛的应用，并对电力电子技术产生了十分深远影响的一项技术。随着全控型电力电子器件的广泛应用，PWM技术广泛应用到交-直、直-直、交-交、直-交所有四大类变流电路中。

（1）在PWM技术的基本原理方面，其中的关键点在于面积等效原理，把需要生成的波形在一个周期内等分成N等份，每份用一个与其面积相等的脉冲进行等效，经输出滤波电路后就会产生相应输出波形。上述等效过程中等效脉冲的宽度可以通过计算或调制电路产生，即PWM波形生成的计算法和调制法。

由于调制法生成PWM信号简单、灵活，是最为常用的方式。调制法中按照输出脉冲波形极性变化可分为单极性调制和双极性调制，按照输出频率与载波频率间的关系可分为异步调制、同步调制和分段同步调制。单极性调制信号生成方法较为复杂，但输出波形畸变较小，双极性调制则相反，而且两种方式的使用与主电路的结构形式相关。

特定谐波消去法属于计算法，可以针对开关频率与输出频率之比不是很高的场合，对输出波形中的某些频率分量进行优化和控制。

空间矢量PWM是以形成圆形空间电压矢量为目标的PWM波形生成方法，应用于三相逆变电路的控制，由于需要复杂的计算和判断，主要适用于采用计算机控制的系统中。

（2）PWM输出波形中的频谱分量较为复杂，但总体上可以分为调制信号频率成分、开关频率整数倍频率成分及其旁频构成，由于开关频率远高于调制信号频率，经过输出的低通滤波器后，仅有调制信号频率成分被保留，其他频率成分均大幅度被衰减。

（3）直流电压利用率为交流输出线电压基波幅值与直流电压的比值，直流电压利用率高表明相同的主电路参数条件下装置的输出容量更大,因此直流电压利用率是逆变电路的重要指标之一。梯形波调制、线电压控制均是通过改变调制信号波形来实现输出基波电压幅度的上限,在三相逆变电路中,由于三相之间不独立,通过适当的利用多余的一个自由度的控制,可以在保证输出线电压正弦度的条件下,提高直流电压利用率并减少开关次数,提高装置效率。这是线电压控制的主要优点。采用空间矢量 PWM 方式也可以在保证输出线电压正弦度的条件下提高直流电压利用率。

(4) 多重化是提高电力电子电路性能的有效方式,与晶闸管整流电路相似,PWM 逆变电路的多重化也是将多个相同电路串联或并联在一起,通过载波移相方式实现。这种方式可以应用在 DC–DC 电路中,也可应用于逆变电路中,其实现原理是相同的。通过多重化可以在不提高器件开关频率的前提下,降低输出电压或电流中的开关频率成分的分量,从而减小滤波器体积,提高装置性能。

(5) PWM 的跟踪控制法是根据期望输出波形及实际输出波形的瞬时比较来决定开关器件的通断的控制方法,主要有滞环比较方式及三角波比较方式等。它具有硬件电路简单、响应速度快等优点。

(6) 将 PWM 控制技术用于整流电路即构成 PWM 整流电路。这种技术可以看成逆变电路中的 PWM 技术向整流电路的延伸。PWM 整流电路与传统整流电路相比的特点为:输入电流波形可控、能量可以双向流动。PWM 整流电路对输入电流幅值及相位的控制原理可以通过稳态基波矢量图进行分析和理解。

7.2 习题和解答

1. 什么是单极性调制,什么是双极性调制?单相桥式电路、单相半桥电路、三相桥式电路哪些可以采用单极性 PWM 调制方式,哪些可以采用双极性 PWM 调制方式?

答:单极性调制是在信号波的正半周期或负半周期内,调制波也只在正或负一种极性范围内变化,使输出 PWM 波也只在单个极性范围内变化的控制方式。双极性调制是在信号波的正半周期或负半周期内,调制波在正和负两种极性范围内变化,输出 PWM 波也呈现正、负两个极性脉冲的控制方式。在电压型逆变电路中,双极性调制方案可以用于单相桥式电路、单相半桥电路和三相桥式电路。对于电感性负载,单相半桥电路的输出电平只有两种,因此无法实现单极性方式,三相桥式电路采用三对桥臂实现对三相输出电压的控制,每相也只有两种输出电平,因此也只能采用双极性调制方式。单相桥式电路由两对桥臂构成,通过对其中一组桥臂的控制可以使输出电压呈现正、负、零三种极性,因此可以采用单极性调制方式。

2. 在单极性正弦波 PWM 调制中,设半周期的脉冲数是 7,脉冲幅值是相应正弦波幅值的 1.2 倍,试按面积等效原理计算脉冲宽度。

解:将各脉冲的宽度用 δ_i ($i=1\sim7$) 表示,由于脉冲应关于 90°线对称,因此应有:$\delta_1=\delta_7$、$\delta_2=\delta_6$、$\delta_3=\delta_5$,根据面积等效原理可得:

第 7 章 PWM 控制技术

$$\delta_1 = \frac{\int_0^{\frac{\pi}{7}} U_m \sin(\omega t) d(\omega t)}{1.2 U_m} = -\frac{\cos\omega t}{1.2}\bigg|_0^{\frac{\pi}{7}} = 0.0825 \text{rad} = 0.013T$$

$$\delta_2 = \frac{\int_{\frac{\pi}{7}}^{\frac{2\pi}{7}} U_m \sin(\omega t) d(\omega t)}{1.2 U_m} = -\frac{\cos\omega t}{1.2}\bigg|_{\frac{\pi}{7}}^{\frac{2\pi}{7}} = 0.2312 \text{rad} = 0.037T$$

$$\delta_3 = \frac{\int_{\frac{2\pi}{7}}^{\frac{3\pi}{7}} U_m \sin(\omega t) d(\omega t)}{1.2 U_m} = -\frac{\cos\omega t}{1.2}\bigg|_{\frac{2\pi}{7}}^{\frac{3\pi}{7}} = 0.3341 \text{rad} = 0.053T$$

$$\delta_4 = \frac{\int_{\frac{3\pi}{7}}^{\frac{4\pi}{7}} U_m \sin(\omega t) d(\omega t)}{1.2 U_m} = -\frac{\cos\omega t}{1.2}\bigg|_{\frac{3\pi}{7}}^{\frac{4\pi}{7}} = 0.3709 \text{rad} = 0.059T$$

式中，T 为正弦波周期。

3. 在采用正弦波调制的单相桥式电路及三相桥式电路中，当调制度为最大值 1 时，直流电压利用率分别是多少？是否可以进一步提高？

答：采用正弦波调制时，单相桥式电路当调制度为 1 时，输出电压的基波幅值等于直流母线电压，因此直流电压利用率为 1。对于正弦波调制的三相 PWM 逆变电路来说，在调制度为最大值 1 时，输出与直流母线中点间电压（即相电压）的基波幅值为 $U_d/2$，因此输出线电压的基波幅值为 $(\sqrt{3}/2) U_d$，即直流电压利用率为 0.866。

在直流母线电压不变时，为提高输出电压的上限，即提高直流电压利用率，在单相桥式电路中可以采用谐波注入、梯形波调制等方法，可以提高输出电压的基波幅值，但同时也会引入谐波分量。三相桥式电路中也可采用相同的方法，但由于输出线电压为对应两相电压之差，因此部分谐波分量将会抵消，降低输出电压的畸变率。

4. 试比较采用梯形波调制和线电压控制方法提高直流电压利用率的优缺点。

答：梯形波调制方式可以适用于单相、三相等电路形式，实现方法简单方便，直流电压利用率可以提高至 1 以上，但其缺点是会引入一定的谐波，使输出电压发生畸变。

线电压控制方式是利用三相输出相电压中的特定频谱成分不会在线电压中出现的特点，实现提高直流电压利用率的同时不会引起输出电压的畸变，直流电压利用率的最大值为 1。而且仅适合于三相电路。

5. 单相桥式逆变电路中，直流侧电压 $U_d = 100$V，采用双极性调制方式，三角载波幅度为 10V，正弦调制信号波幅度为 8V，求输出电压中基波有效值。

解：该逆变电路的调制度为

$$a = \frac{U_r}{U_c} = \frac{8}{10} = 0.8$$

因此，输出电压中基波幅度为

$$U_{om} = aU_d = 0.8 \times 100\text{V} = 80\text{V}$$

输出电压中基波有效值为

$$U_m = \frac{U_{om}}{\sqrt{2}} = \frac{80}{\sqrt{2}}V = 56.6V$$

6. 单相桥式逆变电路中，直流侧电压 $U_d = 200V$，负载为电阻电感负载，其中 $R = 10\Omega$，$L = 10mH$，欲使负载电流为 10A、100Hz 正弦波，则调制信号波频率及调制度应为多少？

解：逆变电路采用 PWM 控制时，输出基波频率与调制信号频率相同，因此，调制信号频率应为 100Hz。在该频率及负载电流条件下，负载基波电压为

$$U_o = ZI_o = \sqrt{(\omega L)^2 + R^2} \cdot I_o = \sqrt{(628 \times 0.01)^2 + 10^2} \times 10V = 118V$$

调制度为

$$a = \frac{\sqrt{2}U_o}{U_d} = \frac{\sqrt{2} \times 118}{200} = 0.834$$

7. 单相桥式电路中，采用单极性调制和双极性调制时，分别求占空比 D 与输出电压的关系。

解：在单相桥式电路中，设直流电压为 U_d，采用单极性调制和双极性调制的输出 PWM 脉冲电压波形如图 7-1a、b 所示。设 PWM 开关周期为 T。

单极性调制时，输出电压的周期平均值为

$$U_o = \frac{t_{on}}{T}U_d = DU_d$$

双极性调制时，输出电压的周期平均值为

$$U_o = \frac{t_{on}U_d - t_{off}U_d}{T} = DU_d - (1-D)U_d = (2D-1)U_d$$

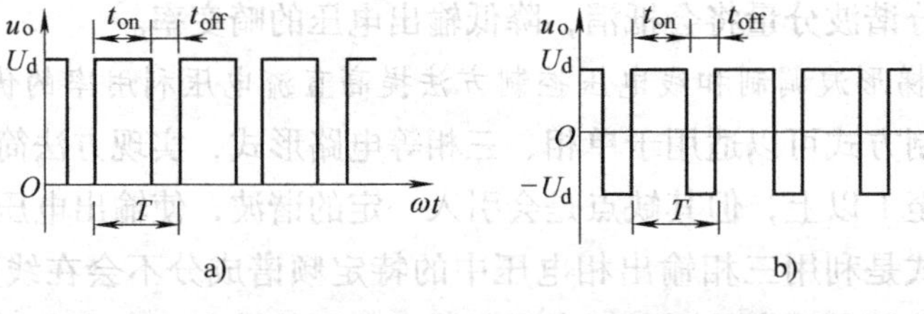

图 7-1 单极性调制及双极性调制 PWM 电压波形

8. PWM 整流电路与二极管整流电路、晶闸管相控整流电路相比有何特点？

答：二极管整流电路可以实现将交流电转换为直流电，但由于二极管的不可控性和单向导电性，使电能只能由交流侧向直流侧传输且输出电压不受控，整流电路的输出电压及输入电流中均含有较大的纹波和谐波成分。

晶闸管整流电路采用半控型器件，使输出电压可控，而且在一定条件下也可实现直流电能向交流电网回馈。但电路的输出电压及输入电流中也含有较大的纹波和谐波成分。

PWM 整流电路采用全控型电力电子器件并通过 PWM 控制技术，使其不仅可以工作在整流、逆变状态，还可以工作于功率因数可控状态，同时通过 PWM 控制技术可以使输

入电流中的谐波成分大幅度降低。

9. 采用桥式电路的 10kV·A 单相 PWM 整流电路中，电源电压为 220V/50Hz，电源与变换器间连接电感为 2mH，回路等效电阻为 0.1Ω，采用矢量图分析在变换器工作于额定容量单位功率因数整流状态、容性无功补偿状态变换器输出电压的基波有效值。

解：电路的额定电流为

$$I_N = \frac{S}{U_N} = \frac{10\text{kV}\cdot\text{A}}{220\text{V}} = 45.5\text{A}$$

额定电流时连接电感电压降为

$$U_L = \omega L I_N = 314 \times 0.002 \times 45.5\text{V} = 28.6\text{V}$$

额定电流时回路电阻电压降为

$$U_R = R I_N = 0.1 \times 45.5\text{V} = 4.55\text{V}$$

单位功率因数整流状态的电压矢量图如图 7-2a 所示，由图可得逆变器的输出电压为

$$U_{AB} = \sqrt{(U_s - U_R)^2 + U_L^2} = \sqrt{(220 - 4.55)^2 + 28.6^2}\text{ V} = 217.3\text{V}$$

容性无功补偿状态的电压矢量图如图 7-2b 所示，由图可得逆变器的输出电压为

$$U_{AB} = \sqrt{(U_s + U_L)^2 + U_R^2} = \sqrt{(220 + 28.6)^2 + 4.55^2}\text{ V} = 248.6\text{V}$$

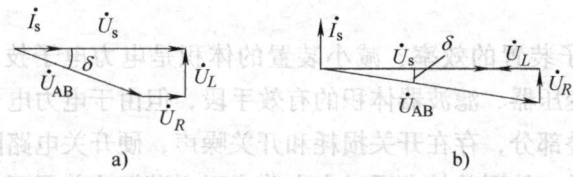

图 7-2 PWM 整流电路的运行方式矢量图
a) 单位功率因数整流状态的电压矢量图　b) 容性无功补偿状态的电压矢量图

10. 如何实现 PWM 电路的多重化？多重化后有何优点？

答：PWM 电路在进行多重化时，首先将 N 个结构相同的主电路单元串联或并联连接，每个单元采用相同的 PWM 调制方法，但每个单元的 PWM 载波相位依次错开 360°/N，相应地使每个单元的输出 PWM 脉冲也依次错开 360°/N。多重化后可以在每个主电路单元功率等级不变、开关频率不变的条件下，使输出功率及等效开关频率提升，输出电压谐波、电流谐波降低。

第8章 软开关技术

8.1 本章要点和学习指导

1. 本章要点

本章介绍了软开关技术的基本概念和各种软开关电路的分类，对四种典型的软开关电路进行了详细的分析，并对软开关技术的发展趋势做了简要介绍。本章的重点为：

（1）掌握硬开关与软开关的基本概念；电力电子装置中提高开关频率的优点及带来的问题，以及软开关电路解决以上问题的原理。

（2）掌握软开关技术及软开关电路的分类，掌握零电压和零电流软开关电路的定义。

（3）了解零电压开关准谐振电路、移相全桥型零电压开关 PWM 电路和升压型零电压转换 PWM 电路三种具有代表性软开关电路的电路结构及工作原理。

2. 学习指导

（1）提高电力电子装置的效率、减小装置的体积是电力电子技术的主要研究内容。提高开关频率是减小变压器、滤波器体积的有效手段，但由于电力电子器件在开关过程中存在电压与电流的重叠部分，存在开关损耗和开关噪声，硬开关电路随着开关频率的提高这些问题变得更为严重。软开关技术通过在电路中引入谐振改善了开关的开关条件，在很大程度上解决了这两个问题。

（2）按照电力电子器件开关时刻的电压、电流状态，软开关电路可以分为零电压开通和零电流关断两类，简称零电压开关和零电流开关。按照软开关技术出现的先后，可以将其分为准谐振、零开关 PWM 和零转换 PWM 三大类。每一类都包含基本拓扑和众多的派生拓扑。

（3）零电压开关准谐振电路是准谐振电路的代表，以降压斩波电路为例，电路除开关关断时段外，与传统的硬开关降压斩波电路相同。电路通过在开关关断后谐振电感与谐振电容的谐振过程，形成开关的零电压开通条件。由电路波形分析可以看出，为保证器件实现零电压开通，器件关断状态所持续时间需要由谐振元件的谐振周期决定，不能任意调整。此外，器件所承受的电压及电流峰值均远大于硬开关电路，这一不足也是多数软开关电路共有的问题。

（4）移相全桥型零电压电路是零电压开关 PWM 电路中具有代表性的电路，具有十分广泛的应用。同硬开关全桥电路相比，电路并没有增加辅助开关元件，而是仅仅增加了一个谐振电感，就使电路中四个开关器件都在零电压的条件下开通，这得益于其独特的移相控制方法。在超前桥臂关断时，利用谐振电感和输出滤波电感与器件的并联电容进行谐振，实现器件的零电压开通；当滞后桥臂关断时，仍利用谐振电感和器件并联电容进行谐振实现器件的零电压开通。器件的两端电压、电流没有明显的过冲。但由于超前桥臂和滞后桥臂参与谐振的电感不同会造成滞后桥臂实现软开关较为困难。

8.2 习题与解答

1. 什么是软开关？采用软开关技术的目的是什么？

答：软开关是通过在电路中增加电感、电容等元件，在开关过程前后引入谐振，使开关在电压为零时开通或电流为零时关断，就可以消除开关过程中电压、电流的重叠，降低它们的变化率，从而降低器件的开关损耗的技术。采用软开关技术可以降低器件的开关损耗，降低开关噪声，从而可以进一步提高电力电子电路的工作频率及功率密度。

2. 在图8-1所示的硬开关开通波形示意图中，设开关过程中开关两端电压、电流近似呈线性变化，开通前开关承受电压为100V，开通后流过电流为10A，开关频率100kHz，开关时间1μs，求开关器件由开通过程所造成的功率损耗。

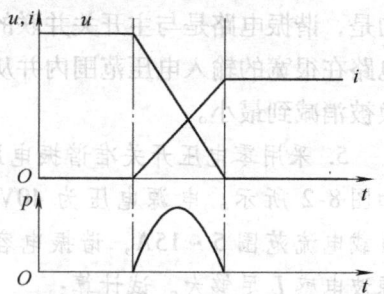

图8-1 硬开关开通波形示意图

解：由题中假设条件可以写出开通过程中开关电压及电流的表达式为

$$u(t) = 100 - \frac{100}{10^{-6}}t = 100 - 10^8 t$$

$$i(t) = \frac{10}{10^{-6}}t = 10^7 t$$

开通过程中器件的瞬时功率损耗为

$$p(t) = u(t) \cdot i(t) = (100 - 10^8 t) 10^7 t = 10^9 (1 - 10^6 t)t$$

一次开通过程中产生的损耗为

$$E_{on} = \int_0^{1\mu s} p(t) \mathrm{d}t = \int_0^{1\mu s} 10^9 (1 - 10^6 t) t \mathrm{d}t = 1.67 \times 10^{-4} \mathrm{J}$$

开通过程产生的损耗功率为

$$P_{on} = f E_{on} = 10^5 \times 1.67 \times 10^{-4} \mathrm{W} = 16.7 \mathrm{W}$$

3. 试比较零开关PWM电路与零转换PWM电路的区别。

答：零开关PWM电路与零转换PWM电路均是在电路中引入了辅助开关来控制谐振的开始时刻，使谐振仅发生于开关过程前后，实现主开关的零电压开通或零电流关断。零开关PWM中的谐振电路在工作中流过负载电流，软开关受负载条件影响不易在大范围内实现；而零转换PWM电路所不同的是，谐振电路是与主开关并联的，因此输入电压和负载电流对电路的谐振过程的影响很小，电路在很宽的输入电压范围内和从零负载到满载都能工作在软开关状态。而且电路中无功功率的交换被削减到最小，这使得电路效率有了进一步提高。

4. 软开关电路可以分为哪几类？各有什么特点？

答：根据电路中主要的开关元件开通及关断时的电压电流状态，可将软开关电路分为零电压电路和零电流电路两大类；根据软开关技术发展的历程可将软开关电路分为准谐振电路、零开关 PWM 电路和零转换 PWM 电路。

准谐振电路：准谐振电路中电压或电流的波形为正弦波，电路结构比较简单，但谐振电压或谐振电流很大，对器件要求高，只能采用脉冲频率调制控制方式。

零开关 PWM 电路：这类电路中引入辅助开关来控制谐振的开始时刻，使谐振仅发生于开关过程前后，此电路的电压和电流基本上是方波，开关承受的电压明显降低，电路可以采用开关频率固定的 PWM 控制方式。

零转换 PWM 电路：这类软开关电路还是采用辅助开关控制谐振的开始时刻，所不同的是，谐振电路是与主开关并联的，输入电压和负载电流对电路的谐振过程的影响很小，电路在很宽的输入电压范围内并从零负载到满负载都能工作在软开关状态，无功功率的交换被消减到最小。

5. 采用零电压开关准谐振电路的降压斩波电路如图 8-2 所示。电源电压为 40V，输出电压 20V，负载电流范围 5~15A，谐振电容 $C_r = 20\text{nF}$，输出滤波电感 L 足够大。试计算：

(1) 保证最小负载电流条件下实现 ZVS 时，谐振电感 L_r 的数值；

(2) 在（1）所得谐振电感条件下，计算开关管承受的峰值电压。

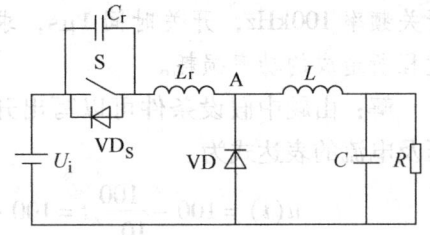

图 8-2 零电压开关准谐振电路

解：当开关管 S 关断、续流二极管 VD 导通后，C_r、L_r、U_i 形成谐振回路，通过求解电路微分方程式可得 u_{C_r}（即开关 S 的电压 u_S）的表达式，该方程一直有效直至二极管 VD_S 导通：

$$u_{C_r}(t) = \sqrt{\frac{L_r}{C_r}} I_L \sin \omega_r (t - t_1) + U_i, \quad \omega_r = \frac{1}{\sqrt{L_r C_r}} \qquad (8\text{-}1)$$

从式（8-1）可以看出，如果正弦项的幅值小于 U_i，u_{C_r} 就不可能谐振到零，S 也就不可能实现零电压开通，因此有零电压开关准谐振电路实现软开关的条件：

$$\begin{cases} \sqrt{\dfrac{L_r}{C_r}} I_L \geq U_i \\ L_r \geq C_r \left(\dfrac{U_i}{I_{L\min}}\right)^2 = 20 \times 10^{-9} \times \left(\dfrac{40}{5}\right)^2 \text{H} = 1.28 \mu\text{H} \end{cases} \qquad (8\text{-}2)$$

求式（8-1）的最大值就得到 u_{C_r} 的谐振峰值表达式，这一谐振峰值就是开关 S 承受的峰值电压，在负载电流最高时最大。

$$U_p = \sqrt{\frac{L_r}{C_r}} I_{L\max} + U_i = \sqrt{\frac{1.28 \times 10^{-6}}{20 \times 10^{-9}}} \times 15\text{V} + 40\text{V} = 160\text{V}$$

第9章 电力电子器件应用的共性问题

9.1 本章要点和学习指导

1. 本章要点

(1) 掌握电力电子器件驱动电路的基本要求。

(2) 了解在驱动电路中电力电子主电路和控制电路进行电气隔离的原因、实现的基本方法和原理。

(3) 了解对晶闸管触发电路的基本要求以及典型触发电路的基本原理。

(4) 掌握对电力MOSFET和IGBT等全控型器件驱动电路的基本要求以及典型驱动电路的基本原理。

(5) 了解电力电子器件过电压的产生原因和过电压保护的主要方法及原理。

(6) 了解电力电子器件过电流保护的主要方法及原理。

(7) 了解电力电子器件缓冲电路的概念、分类、典型电路及基本原理。

(8) 了解电力电子器件串联和并联使用的目的、基本要求以及具体注意事项。

2. 学习指导

(1) 驱动电路是联系主电路和控制电路的接口，也是保证电力电子器件安全工作的关键环节，对驱动电路的基本要求是将控制电路产生的开关信号转换成电力电子器件所需的驱动信号，因此学习中首先需要对各种电力电子器件的驱动要求有清晰的理解，这样才能针对不同器件的不同要求分析并设计相应的驱动电路。此外部分驱动电路还设置有器件保护的功能。总体上来看，驱动电路一般包含输入信号调理放大、功率放大、隔离、检测与保护电路等部分，在具体电路学习中应注意对电路各功能模块进行划分，以便于学习和理解。

(2) 电气隔离是多数电力电子器件驱动电路需要考虑的环节，主要原因有：保证操作人员及控制电路的安全、降低主电路对控制电路的干扰、保证主电路中多个电力电子器件正常工作等。采用光隔离和磁隔离是电气隔离的主要方式，光耦合器及脉冲变压器是电气隔离中最为常用的器件。

(3) 在学习各种电力电子器件的驱动电路时，首先应回顾第2章中已学习的电力电子器件的特性，特别是对驱动信号的要求。在此基础上分析教材中给出的典型驱动电路的电路结构及工作过程。应该说明的是，驱动电路的具体形式可以是分立元件构成的驱动电路，但目前越来越多的厂家提供了更为方便使用的专用驱动电路，其形式可能是集成驱动电路芯片，可能是将多个芯片和器件集成在内的带有直插引脚的混合集成电路，对大功率器件来讲还可能是将所有驱动电路都封装在一起的驱动模块。但它们的结构和工作原理是基本相同或相近的，因此即使是采用成品的专用驱动电路，了解和掌握各种驱动电路的基本结构和工作原理也是很有帮助的。

（4）在电力电子器件保护方面，由于电力电子器件承受过电压、过电流的能力均较弱，因此电力电子装置中均需要设置电力电子器件的保护电路。器件过电压产生的原因包括雷击、与电力电子装置相连接的供电电网中的开关动作、电力电子装置内部电力电子器件的开关动作等。过电压保护的基本原理是利用一定的方式吸收过电压产生的能量。一类方法是利用包括压敏电阻、避雷器等器件在过电压时转折导通进行消耗；另一类是利用电容电压上升时吸收能量，此类电路形式较多，如：在器件或电路两端直接并联电容、采用 RC 电路、RCD 电路等，理解时可以通过过电压产生后，如何给电容充电吸收过电压能量以及如何吸收重复出现的过电压两方面进行分析。器件过电流的产生主要是由于负载过载或短路、电路中元件故障造成，主要保护方法是及时切断电路，例如采用快速熔断器、断路器，由电子电路构成的检测保护电路发出驱动信号关断器件等。在以全控型电力电子器件为主的装置中，由于器件承受过电流能力低，只有电子保护电路才具备足够快的速度保证器件的安全。

缓冲电路的主要作用是防止和抑制电力电子器件的内因过电压、减小开关损耗，根据电路作用以及损耗大小不同有多种电路形式，学习时可主要以理解 RC、RCD 电路的波形及工作原理为重点。

（5）当单个电力电子器件无法承担电路中的电压或电流时，就需要考虑元器件的串联或并联，在器件串联时需要考虑器件的均压，并联时需要考虑器件的均流。影响器件均压、均流的主要原因是器件特性参数的分散性、电路元件布局引起的分布参数以及驱动信号的差异。因此解决的方法也是从这三个方面着手：挑选器件减小分散性、利用外电路降低器件参数差异、改善器件布局减小分布参数差异以及加强驱动信号等。学习时可以对照教材讲述的具体解决方案和上述思路进行理解。

9.2 习题和解答

1. 驱动电路的基本作用是什么？驱动电路通常包含哪些组成部分？

答：驱动电路的基本任务是将信息电子电路传来的信号按照其控制目标的要求，转换为加在电力电子器件控制端和公共端之间，可以使其开通或关断的信号。对半控型器件只需提供开通控制信号，对全控型器件则既要提供开通控制信号，又要提供关断控制信号，以保证器件按要求可靠导通或关断。总体上来看，驱动电路一般包含：输入信号调理放大、功率放大、隔离、检测与保护电路等部分。

2. 晶闸管的触发电路应满足哪些要求？

答：晶闸管触发电路应满足下列要求：

（1）触发脉冲的宽度应保证晶闸管可靠导通。

（2）触发脉冲应有足够的幅度，对户外寒冷场合，脉冲电流的幅度应增大为器件最大触发电流的 3~5 倍，脉冲前沿的陡度也需增加，一般需达 1~2A/μs。

（3）所提供的触发脉冲应不超过晶闸管门极的电压、电流和功率定额，且在门极伏安特性的可靠触发区域之内。

（4）应有良好的抗干扰性能、温度稳定性及与主电路的电气隔离。

3. 试分析 RCD 缓冲电路的作用和工作原理，与 RC 缓冲电路相比有哪些优点？

答：RCD 缓冲电路（见图 9-1a）的主要作用是抑制器件关断时产生的过电压，并限制 du/dt 从而减小器件的关断损耗。在开关管导通期间，C_S 经 R_S、开关管放电，R_S 起到限制放电电流的作用，经过一段时间电容电压近似为零，为开关管关断做好准备。在开关管关断时，负载电流经 C_S 分流，减轻了开关管的负担，开关管电流迅速降为零。由于电容初始电压为零，因此开关管电压由零开始逐渐上升，抑制了 du/dt 和过电压，同时因电压上升较缓慢，开关管电压与电流交叠的面积小，因此减小了器件的关断损耗。

RC 缓冲电路（见图 9-1b）中，在开关管导通期间，C_S 同样经 R_S、开关管放电，R_S 起到限制放电电流的作用，经过一段时间电容电压近似为零，为开关管关断做好准备。在开关管关断时，负载电流经 R_S、C_S 分流，减轻了开关管的负担，开关管电流迅速降为零。由于电容初始电压为零，因此开关管电压由 R_S 两端电压（数值由负载电流与 R_S 的乘积决定）开始逐渐上升，抑制了 du/dt、过电压并减小了器件的关断损耗。由电路工作过程可

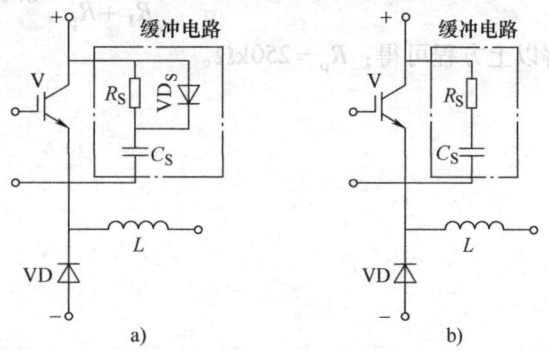

图 9-1 RCD 与 RC 缓冲电路
a) RCD 缓冲电路 b) RC 缓冲电路

以看出，两种电路均可以抑制器件关断时的 du/dt、过电压并减小了器件的关断损耗，但 RC 缓冲电路在器件关断时器件两端电压不是从零开始上升（当 R_S 数值较大时特别明显），因此对 du/dt 抑制及减小开关损耗效果较差。

4. IGBT、GTR、GTO 和电力 MOSFET 的驱动电路各有什么特点？

答：IGBT 驱动电路的特点是：驱动电路具有较小的输出电阻，IGBT 是电压驱动型器件，IGBT 的驱动多采用专用的混合集成驱动器。

GTR 驱动电路的特点是：驱动电路提供的驱动电流有足够陡的前沿，并有一定的过冲，这样可加速开通过程，减小开通损耗；关断时，驱动电路能提供幅值足够大的反向基极驱动电流，并加反偏截止电压，以加速关断速度。

GTO 驱动电路的特点是：GTO 要求其驱动电路提供的驱动电流的前沿应有足够的幅值和陡度，且一般需要在整个导通期间施加正门极电流，关断需施加负门极电流，幅值和陡度要求更高，其驱动电路通常包括开通驱动电路、关断驱动电路和门极反偏电路三部分。

电力 MOSFET 驱动电路的特点是：要求驱动电路具有较小的输出电阻，驱动功率小且电路简单。

5. 设有两只晶闸管，阻断状态等效电阻分别为 1MΩ 和 2MΩ，将两只晶闸管串联接

入电压为 1kV 的电路中，求两只晶闸管分别承担的电压。若采用并联均压电阻的方法使两只器件电压误差小于 10%，求均压电阻值。

解：设两只晶闸管阻断状态等效电阻分别为 $R_1 = 1\text{M}\Omega$、$R_2 = 2\text{M}\Omega$，则直接串联时的电压分别为

$$U_1 = \frac{R_1}{R_1 + R_2} U = \frac{1\text{M}\Omega}{1\text{M}\Omega + 2\text{M}\Omega} \times 1000\text{V} = 333\text{V}$$

$$U_2 = \frac{R_2}{R_1 + R_2} U = \frac{2\text{M}\Omega}{1\text{M}\Omega + 2\text{M}\Omega} \times 1000\text{V} = 667\text{V}$$

若欲使并联均压电阻 R_p 后电压差小于 10%，则并联后电阻值误差应小于 10%，即

$$\frac{R_1 R_p}{R_1 + R_p} = 0.9 \frac{R_2 R_p}{R_2 + R_p}$$

解以上方程可得：$R_p = 250\text{k}\Omega$。

第 10 章 电力电子技术的应用

10.1 本章要点和学习指导

1. 本章要点

(1) 了解晶闸管电动机系统的机械特性，了解可逆运行系统中晶闸管整流器的结构和基本控制方法。

(2) 了解交－直－交变频调速系统的结构，了解在电动机出现回馈制动时，主电路存在的问题及解决方法；了解变频调速系统的基本控制方法。

(3) 了解不间断电源的结构及工作原理，了解在市电发生故障时，不间断电源的切换过程。

(4) 了解开关电源的结构、与传统线性调整电源相比的特点，了解并分析以降压斩波电路为例的开关电源的控制方法。

(5) 了解功率因数校正的基本概念，了解采用升压斩波电路的单相功率因数校正电路的结构及控制方法，了解单开关三相有源功率因数校正电路的结构及控制方法。

(6) 了解电力电子装置在电力系统中的应用，了解高压直流输电、无功补偿、谐波抑制等装置的结构及基本控制方法。

(7) 了解电力电子装置在照明、焊接等领域中的应用，了解电子镇流器、焊机电源等装置的结构及基本控制方法。

2. 学习指导

电力电子技术的应用十分广泛，已经渗透到工业乃至民生的每一个角落。本章讲述了电力电子技术在电力传动、各种交直流电源、电力系统、焊接和照明等各方面的应用。通过本章内容的学习，可以加强对前面各章所学习内容的进一步理解，了解实用的各类电力电子装置结构、工作方式及基本控制方法。

(1) 电力传动是电力电子装置的主要应用领域之一，直流传动技术成熟早，应用广泛，交流传动技术是目前发展的主要方向。无论是直流传动系统还是交流传动系统，电动机的回馈制动状态及可逆运行对电力电子装置提出了特殊的要求，电动机及电力电子变换器的四象限运行能力及工作过程是系统分析的关键。

在晶闸管直流电动机传动系统中，轻载时整流器输出电流减小，在电流出现断续状态时，由于输出平均电压上升，会出现电动机转速上升现象。在可逆运行系统中，由于晶闸管的单向导电性使晶闸管整流器的输出电流只能是一个方向，但输出电压可以随着触发延迟角及电路条件在正、负两种极性变化。当晶闸管直流调速系统采用调节输出电压（幅值及极性）来实现可逆运行时，输出电流需要随着电动机运行状态正负变化，单组的晶闸管整流器无法提供双向的电流，因此需要采用两组整流器反并联，在不同的电流输出需求时由相应的整流器提供电流。

在交流传动系统中，变频调速是性能最好的调速方式。变频分为交－交变频与交－直－交变频两种方式，本章主要介绍了交－直－交变频装置的结构及控制方式。电压型交－直－交变频装置是最为常用的交－直－交变频器类型，当交流电动机处于回馈制动状态时，能量由电动机经逆变器回馈至直流侧。回馈能量将向直流侧电容充电，只有适当处理这部分能量才能保证变频器的正常运行。可以采用的方式有：①直流侧在能量回馈时接入放电电阻，将回馈能量消耗掉；②采用逆变电路将回馈能量反馈至电网，该逆变电路可以独立于传统交－直－交变频器的整流器及逆变器，当采用全控型电力电子器件构成的整流电路时具备能量双向传输的能力，因此也可以取代变频器中的二极管整流电路，简化系统的结构。电流型逆变电路在出现能量回馈时，直流滤波电感吸收能量，电流增大，只需调节可控整流电路中晶闸管的延迟触发角，使中间直流电压反极性即可使能量回馈电网，因此无需增加额外的电路。

在交流电机变频调速系统的控制方面，常需考虑的一个重要因素是：希望保持电机中每极磁通量为额定值不变。如果磁通太弱，没有充分利用电机的铁心，是一种浪费；如果过分增大磁通，又会使铁心饱和，从而导致过大的励磁电流，严重时会因绕组过热而损坏电机。根据电机绕组感应电压与电机磁通、频率的关系，在保持电机磁通不变条件下，电机绕组的感应电压与频率呈正比，而电机绕组的感应电压与电机电压近似相等，因此当电机在低于额定转速时，电机电压需要与频率近似同比变化，即采用恒压频比控制方式，是最为简单和常用的控制方式。矢量控制、直接转矩控制等高性能控制方法在保证电机磁通不变的条件下可以进一步提高系统的动态性能，但控制算法复杂。

（2）不间断电源简称为 UPS，是在市电发生故障时保证负载正常供电的设备，由整流器、逆变器、电池及输出切换电路构成。根据在市电正常时负载的供电方式不同可以分为在线式、后备式等，了解不同形式的 UPS 在市电正常、故障及切换过程的能量传递方式、控制方法是学习该部分内容的关键。

（3）开关电源是除变频器之外另一种广泛应用的电力电子装置，通常多指电力电子器件工作于高频开关方式，采用将交流电先整流滤波、后经高频逆变得到高频交流电压，然后由高频变压器降压、再整流滤波获得直流输出的直流电源。输入为直流电，电力电子器件工作于高频开关状态的 DC－DC 变换装置也称为开关电源。由于电力电子器件工作在高频开关状态，使其相对于传统的线性调整电源器件损耗减小，变压器的体积和重量大幅度降低。这种结构中包含了整流电路、逆变电路、斩波电路等多种电路形式，学习时应结合前面相应章节的内容。此外，以降压斩波电路为例，了解开关电源的基本控制方法。

（4）功率因数校正电路是针对电容滤波的不可控整流电路输入电流谐波过大所引起的功率因数降低问题而提出的。功率因数校正可以采用有源校正和无源校正方式。由于有源校正方式的效果好，得到了广泛应用，是本章主要介绍的内容。升压斩波电路是单相功率因数校正电路中最为常用的电路，通过控制开关管的导通占空比控制输入电流跟踪电压波形，从而使电流波形为正弦波，降低电流中的谐波分量，提高功率因数。三相功率因数校正电路有多种电路形式，单开关构成的升压斩波电路也是最为基本的拓扑之一，该电路可以控制输入电流，但控制效果不如单相电路，其功率因数的理论数值难以达到1。学习中可以结合第5章中升压斩波电路的工作过程理解这两种电路的工作原理。

（5）电力电子装置在电力系统中的应用范围较广，类型也较多，主要有高压直流输电、无功补偿、谐波抑制等。

高压直流输电采用第3章学习的晶闸管整流电路，分别工作于整流和有源逆变状态，将交流输入整流为直流电，输送至受电端后逆变至交流电网。为减少谐波的不利影响，系统采用12脉波整流电路。

无功补偿装置主要有：晶闸管控制电抗器（TCR）、晶闸管投切电容器（TSC）和静止无功发生器（SVG）等。三种装置均可以对所接入系统的无功功率进行补偿。TCR通常采用第6章学习的支路控制三角形联结晶闸管调压电路，可以产生连续可调的感性无功电流，但同时会引入一定的谐波电流，补偿能力受电网电压的影响大。在需要对负载产生的感性无功进行补偿的场合，通常与在系统中接入的固定电容或机械投切电容器配合使用。TSC采用第6章学习的由晶闸管构成的电力电子开关对电容器组进行投入和切除，可以产生容性的补偿电流，由于是基于开关投切方式，补偿量不能连续调节，实际中通过增加电容器的分组数及容量分配方式来改善，补偿能力同样受电网电压的影响大。SVG是采用全控型电力电子器件构成的补偿装置，既可以产生感性的补偿电流，也可产生容性的补偿电流，补偿量连续可调，而且不产生谐波电流，补偿能力受电网电压的影响小。

谐波补偿装置分为无源滤波装置和有源滤波装置，有源滤波装置采用第4章中基于全控型电力电力电子器件的逆变电路结构，采用PWM控制方式产生指定的输出电流波形，以抵消负载所产生的谐波电流，从而减少流入电网的谐波电流成分。

10.2 习题和解答

1. 晶闸管直流电动机系统如果需要运行于可逆状态，为什么主电路需要两组晶闸管整流器反并联构成？

答：由于晶闸管的单向导电性使晶闸管整流器的输出电流只能是一个方向，但输出电压可以随着触发延迟角及电路条件在正、负两种极性变化。当晶闸管直流调速系统采用调节输出电压（幅值及极性）来实现可逆运行时，输出电流需要随着电动机运行状态正负变化，单组的晶闸管整流器无法提供双向的电流，因此需要采用两组整流器反并联，在不同的电流输出需求时由相应的整流器提供电流。

2. 哪些晶闸管整流电路可以适用于直流电动机可逆调速装置？

答：直流电动机可逆调速系统随着工作状态的变化可能处于电动或制动状态，回馈制动是电动机性能最好的制动方式，在这种方式下能量由电动机经变流器向电网传输，因此晶闸管变流器处于有源逆变状态。晶闸管整流器工作于有源逆变状态的条件之一是输出电压可以随着触发延迟角的调节呈现负值。晶闸管整流器中只有全控型整流电路满足这一要求，因此只有全控型整流电路可以适用于直流电动机可逆调速装置。

3. 电压型交－直－交变频器在负载电动机可逆运行时，有哪些方式处理再生回馈能量？

答：在交－直－交变频器中，当交流电动机处于回馈制动状态时，能量由电动机经逆变器回馈至直流侧。在电压型变频器中，回馈能量将向直流侧电容充电，只有适当处理这部分能量才能保证变频器的正常运行。可以采用的方式有：①直流侧在能量回馈时接入放电电阻，将回馈能量消耗掉；②采用逆变电路将回馈能量反馈至电网，该逆变电路可以独立于传统交－直－交变频器的整流器及逆变器，当采用全控型电力电子器件构成的逆变电路时具备能量双向传输的能力，因此也可以取代变频器中的二极管整流电路，简化系统的结构。

4. 交流电动机在进行变频调速时为什么要采用恒压频比控制方式？

答：在进行电动机调速时，常需考虑的一个重要因素是：希望保持电动机中每极磁通量为额定值不变。如果磁通太弱，没有充分利用电动机的铁心，是一种浪费；如果过分增大磁通，又会使铁心饱和，从而导致过大的励磁电流，严重时会因绕组过热而损坏电动机。根据电动机绕组感应电压与电动机磁通、频率的关系，在保持电动机磁通不变的条件下，电动机绕组感应电压与频率呈正比，而电动机绕组的感应电压与电动机电压近似相等，因此当电动机在低于额定转速时，电动机电压需要与频率近似同比变化，即采用恒压频比控制方式。

5. UPS 中有哪些基本的电力电子电路？在线式与后备式 UPS 中以上各部分间能量是如何传递的？

答：UPS 的主要功能为在市电正常时从市电获得电能给电池充电，在市电中断时将电池电能逆变为交流输出，因此 UPS 中含有整流电路和逆变电路。为保证市电和 UPS 输出供电的快速转换，通常还会采用交流电力电子开关。在线式 UPS 在市电正常时由 UPS 供电，能量传递方式为：交流市电经整流电路变为直流，一方面给电池充电，另一方面经逆变电路输出至负载，在市电断电后，电池能量经逆变电路向负载提供。后备式 UPS 在市电正常时，电池经整流电路由市电供电进行充电，负载电能由市电直接提供；在市电异常时，切换开关将负载连接至 UPS 逆变器的输出，电池电能经逆变电路向负载提供。

6. 开关电源与线性调整电源相比有哪些特点？

答：开关电源中的电力电子器件工作于开关状态，因此其功率损耗一般低于线性调整电源中的调整管，因此电源效率较高。同时可以引入高频变压器实现输入与输出的隔离和电压变换，取代线性调整电源中的工频变压器，因此体积小、重量轻。但开关电源电路结构复杂，由于高频开关所引起的电压纹波通常也较大。

7. 开关电源的结构及涉及的电力电子电路有哪些？为什么要采用这样的结构？

答：开关电源通常多指电力电子器件工作于高频开关方式，采用将交流电先整流滤波、后经高频逆变得到高频交流电压，然后由高频变压器降压、再整流滤波获得直流输出的直流电源。这种结构中包含了两套整流电路、一套逆变电路，采用这种结构有以下原因：

（1）输出端与输入端需要隔离。

（2）某些应用中需要相互隔离的多路输出。

（3）输出电压与输入电压的比例远小于 1 或远大于 1。

（4）交流环节采用较高的工作频率，可以减小变压器和滤波电感、滤波电容的体积和重量。当工作频率高于 20kHz 人耳的听觉极限时，也可以避免变压器和电感产生的噪声。

8. 对比 TCR、TSC 以及 SVG 三种无功补偿装置的性能。

答：这三种装置均可以对所接入系统的无功功率进行补偿。TCR 可以产生连续可调的感性无功电流，但同时会引入一定的谐波电流，补偿能力受电网电压的影响大，在需要对负载产生的感性无功进行补偿的场合，通常将其与在系统中接入的固定电容或机械投切电容器配合使用。TSC 可以产生容性的补偿电流，由于是基于开关投切方式，补偿量不能连续调节，实际中通过增加电容器的分组数及改变每组容量分配方式来改善，补偿能力同样受电网电压的影响大。SVG 是采用全控型电力电子器件构成的补偿装置，既可以产生感性的补偿电流，也可产生容性的补偿电流，补偿量连续可调，而且不产生谐波电流，补偿能力受电网电压的影响小。

9. 晶闸管控制电抗器（TCR）装置中，晶闸管的触发延迟角变化范围是多少？对应产生的补偿量如何变化？如果需要对负载产生的感性无功进行补偿，应如何处理？

答：晶闸管控制电抗器采用晶闸管相控调压电路，通过调节输出施加至电抗器的电压调节产生的补偿电流。常用的电路形式为支路控制三角形联结，其中每相电路的工作过程与单相交流调压电路相同。单相交流调压电路在电阻电感负载时触发延迟角的调节范围是负载阻抗角至 180°。TCR 中负载可以看作纯电感，因此触发延迟角的调节范围是 90°～180°。对应产生的补偿量为感性电流最大值至零。如果需要对负载产生的感性无功进行补偿，通常将其与在系统中接入的固定电容或机械投切电容配合使用，以产生容性的补偿电流。

第二部分 电力电子电路的计算机仿真

第 11 章 基于 MATLAB 的电力电子电路仿真方法

电力电子电路的计算机仿真具有十分重要的意义，不仅可以帮助初学者理解电路的工作原理和工作过程，即使对经验丰富的工程技术人员，计算机仿真也是对电路及其控制系统分析、定量计算的强有力工具。随着电力电子技术应用的日益广泛，可用于电力电子电路及装置的通用和专用仿真软件不断出现，例如主要用于电子电路的通用仿真软件 PSpice、通用软件 MATLAB、通用仿真软件 Saber、专用仿真软件 PSIM 等。

各种仿真软件对电力电子电路仿真的方便程度、元件模型类型、对仿真结果的分析功能有一定的差别，但对于常用电路的基本仿真要求上，各种仿真软件的使用方法相似，并均足以满足要求，因此本书将以使用非常广泛的数值计算软件 MATLAB 为例，介绍电力电子电路的仿真和分析方法。

读者在《电力电子技术》教材的学习中可以结合本书给出的典型电路仿真文件（附光盘），在 MATLAB 仿真环境中观察各类电路的工作波形，进一步理解电路的工作原理与定量计算公式，对课程实验中难以进行的电路能够起到补充和辅助学习的作用。

11.1 MATLAB 软件及仿真集成环境 Simulink 简介

MATLAB 是美国 MathWorks 公司在 20 世纪 80 年代中期推出的高性能数值计算软件，经过近 30 年的开发和更新换代，该软件已成为适合多学科功能十分强大的软件系统，成为线性代数、数字信号处理、自动控制系统分析、动态系统仿真等方面的强大工具。MATLAB 中含有一个仿真集成环境 Simulink，其主要功能是实现各种动态系统建模、仿真与分析。在 MATLAB 启动后的系统界面中的命令窗口输入"Simulink"指令就可以启动 Simulink 仿真环境，如图 11-1 所示。启动 Simulink 后就进入了 Simulink 浏览器即模块库，如图 11-2 所示。在图中左侧为以目录结构显示的 17 类模块库名称（因软件版本的不同，库的数量及其他细节可能有所不同），选中模型库后，即会在右侧窗口出现该模型库中的各种元件或子库。

Simulink 支持连续、离散系统以及连续离散混合系统、非线性系统等多种类型系统的仿真分析，本书中将主要介绍和电力电子电路仿真有关的元件模型及仿真方法。对于电力电子电路及系统的仿真，除需使用 Simulink 中的基本模块外，用到的主要元件模型集中在

第 11 章 基于 MATLAB 的电力电子电路仿真方法

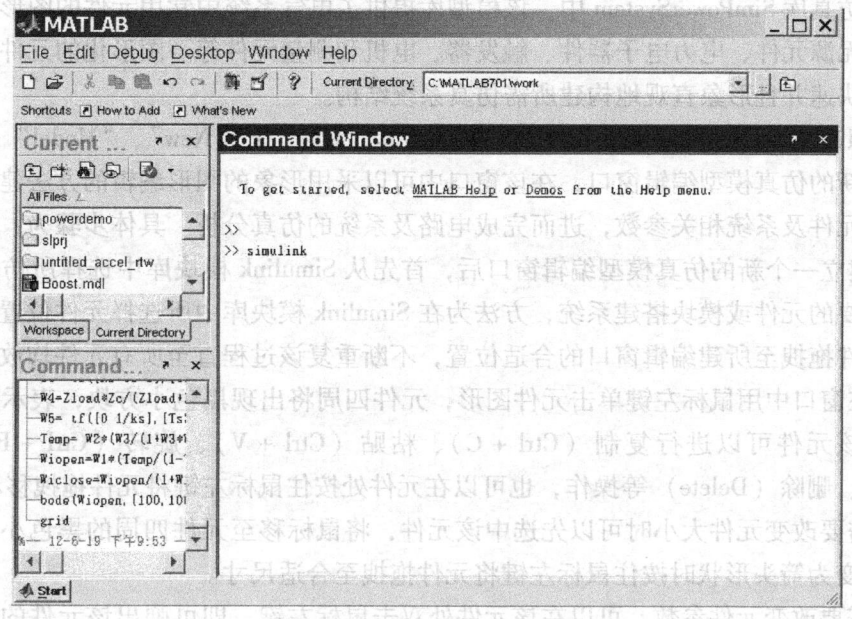

图 11-1 MATLAB 启动画面

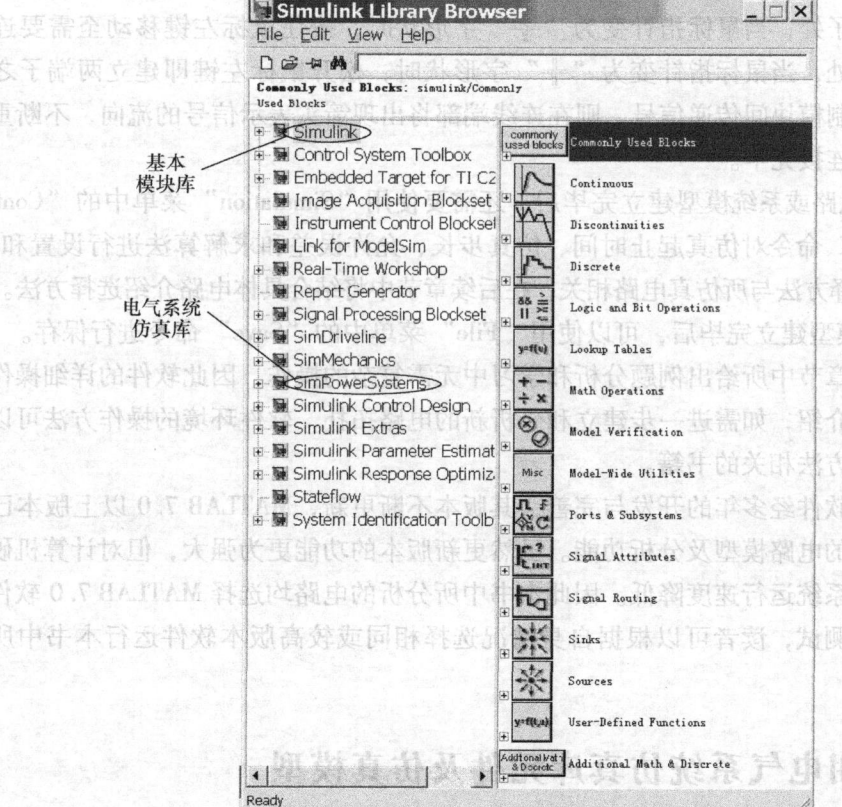

图 11-2 Simulink 模块库浏览器

电气系统仿真库 SimPowerSystem 中，该模型库提供了电气系统中常用元件的图形化元件模型，包括无源元件、电力电子器件、触发器、电机和测量元件等。图形化的元件模型使使用者可以快速并且形象直观地构建所需仿真系统结构。

在图 11-2 所示的 Simulink 系统中，执行菜单"File"下"New"、"Model"命令即可产生一个新的仿真模型编辑窗口，在该窗口中可以采用形象的图形编辑的方法建立仿真对象、编辑元件及系统相关参数，进而完成电路及系统的仿真分析。具体步骤为：

1）建立一个新的仿真模型编辑窗口后，首先从 Simulink 模块库中选择所仿真电路或系统所需要的元件或模块搭建系统，方法为在 Simulink 模块库中所选择元件位置按住鼠标左键将元件拖拽至所建编辑窗口的合适位置，不断重复该过程直至所有元件均放置完毕。

2）在窗口中用鼠标左键单击元件图形，元件四周将出现黑色小方块，表示元件已经选中，对该元件可以进行复制（Ctrl + C）、粘贴（Ctrl + V）、旋转（Ctrl + R）、翻转（Ctrl + I）、删除（Delete）等操作，也可以在元件处按住鼠标左键将元件拖拽移动。

3）需要改变元件大小时可以先选中该元件，将鼠标移至元件四周的黑色小方块，待鼠标指针变为箭头形状时按住鼠标左键将元件拖拽至合适尺寸。

4）需要改变元件参数，可以在该元件处双击鼠标左键，即可弹出该元件的参数设置对话窗口进行参数设置。

5）将元件放置完毕后，可采用信号线将元件间连接构成电路或系统结构图，将鼠标放置在元件端子处，当鼠标指针变为"十"字形状时，按住鼠标左键移动至需要连线的另一元件端子处，当鼠标指针变为"十"字形状时，松开鼠标左键即建立两端子之间的连线，若为控制模块间传递信号，则在连线端部将出现箭头表示信号的流向，不断重复该过程直至系统连接完毕。

6）仿真电路或系统模型建立完毕后，还需要使用"Simulation"菜单中的"Configuration Parameters"命令对仿真起止时间、仿真步长、允许误差和求解算法进行设置和选择，参数的具体选择方法与所仿真电路相关，在后续章节中将结合具体电路介绍选择方法。

7）仿真模型建立完毕后，可以使用"File"菜单中的"Save"命令进行保存。

本书后续章节中所给出例题分析和学习中无需复杂的操作，因此软件的详细操作方法在此不再过多介绍，如需进一步建立和分析新的电路拓扑，软件环境的操作方法可以参考 MATLAB 使用方法相关的书籍。

MATLAB 软件经多年的开发与完善，其版本不断更新，MATLAB 7.0 以上版本已经具备了经常使用的电路模型及分析功能。虽然更新版本的功能更为强大，但对计算机硬件要求也更高，使系统运行速度降低。因此本书中所分析的电路均选择 MATLAB 7.0 软件环境中编制并运行测试，读者可以根据自身情况选择相同或较高版本软件运行本书中所给出例题。

11.2 常用电气系统仿真库元件及仿真模型

对于电力电子电路及系统的仿真除需使用 Simulink 中的基本模块外，用到的主要元件模型集中在电气系统仿真库 SimPowerSystem 中。该模型库提供了电气系统中常用元件的图形化元件模型，包括无源元件、电力电子器件、触发器、电机和测量元件等。用鼠标单击图 11-2 中的"SimPowerSystems"，即会在右侧窗口出现该模型库中八个模块库（子库），如图 11-3 所示。下面将主要介绍电源模块库、电气元件模块库、电气测量模块库及电力电子器件模块库。

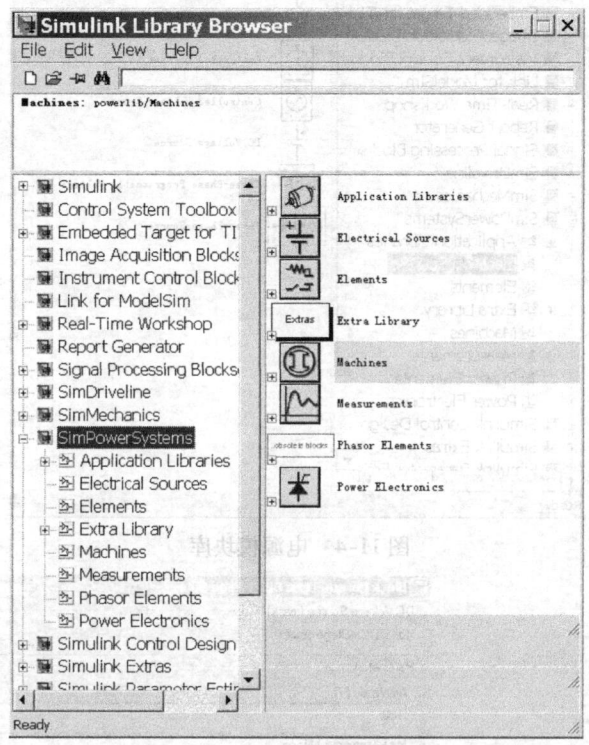

图 11-3　SimPowerSystems 的模块库

1. 电源模块库

在图 11-3 中右侧窗口中，用鼠标双击"Electrical Source"图标，在窗口中将显示七种电源，如图 11-4 所示。分别为：

AC Current Source：交流电流源

AC Voltage Source：交流电压源

Controlled Current Source：受控电流源

Controlled Voltage Source：受控电压源

DC Voltage Source：直流电压源

Three – Phase Programmable Voltage：三相可编程电压源

Three – Phase Source：三相电源

由于直流电压源、交流电压源以及三相交流电源使用最为频繁，因此下面对这三种电源进行简单介绍。图 11-5a 为直流电压源的元件图形，双击该元件将弹出该元件的参数设置对话框如图 11-5b 所示。在"Amplitude（V）"参数下可以设置电压源的电压幅值。

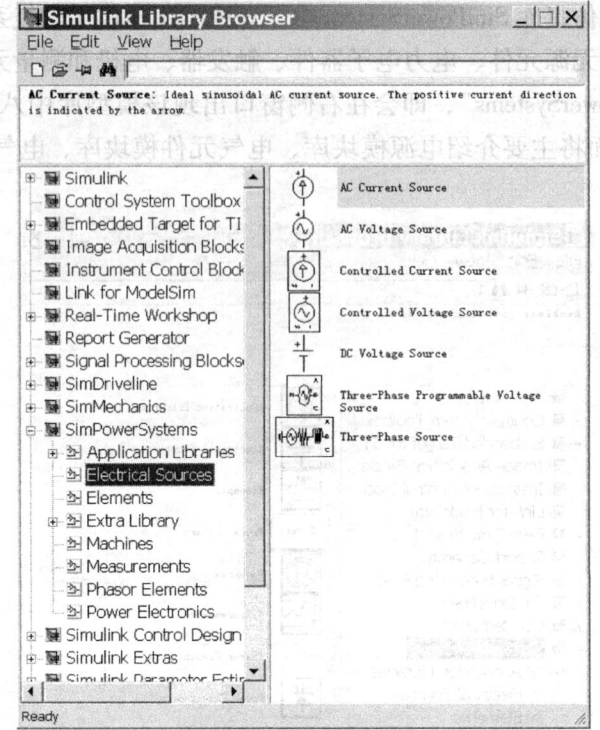

图 11-4 电源模块库

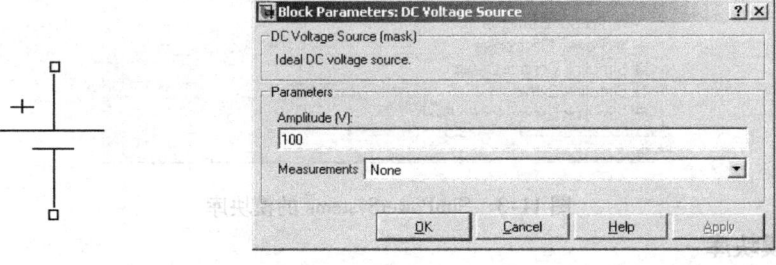

图 11-5 直流电压源元件图形及参数设置对话框
a) 元件图形　b) 参数设置

图 11-6a 为交流电压源的元件图形，双击该元件将弹出该元件的参数设置对话框如图 11-6b 所示。在"Peak amplitude (V)"参数下可以设置电压源的电压峰值，"Phase (deg)"参数下设置电源的初始相角，"Frequency (Hz)"参数下设置电源的频率，"Sample time"参数为采样时间（单位为秒），如果电源为连续变化电源，该参数设为 0。

图 11-7a 为三相交流电压源的元件图形，双击该元件将弹出该元件的参数设置对话框如图 11-7b 所示。在"Phase – to – phase rms voltage (V)"参数下可以设置三相电压的线电压有效值，"Phase angle of phase A (degrees)"参数下设置电源 A 相的初始相角，"Frequency (Hz)"参数下设置电源的频率，"Internal connection"参数为三相电源的联结方式，联结方式有三种：星形联结中性点不接地（Y），星形联结中性点经端子 N 引出方

第 11 章 基于 MATLAB 的电力电子电路仿真方法

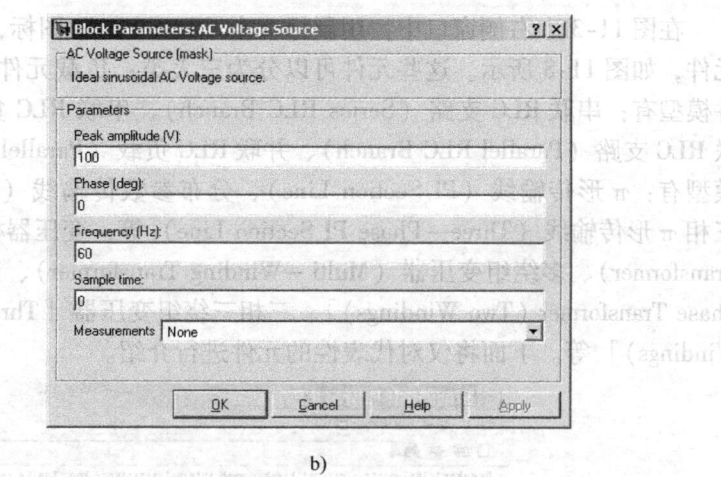

图 11-6 交流电压源元件图形及参数设置对话框
a) 元件图形　b) 参数设置

式（Yn）及星形联结中性点接地（Yg）方式。三相交流电压源还可以通过两种方式设置电源的内阻，不勾选 "Specify impedance using short – circuit level" 时，直接设置电源的电阻（Source Resistance）和电感（Source Inductance）；勾选 "Specify impedance using short – circuit level" 时，通过设置电源在额定电压下的短路容量（3 – phase short – circuit level at base voltage）、额定线电压有效值（Base Voltage）和电抗/电阻比（X/R ratio）由程序自动计算电源内阻。

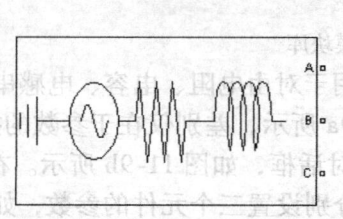

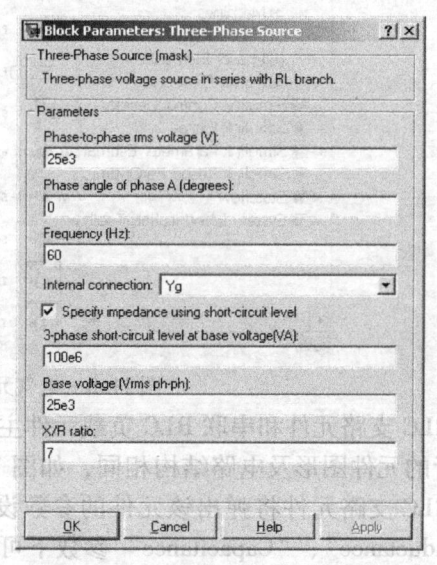

图 11-7 三相交流电压源元件图形及参数设置对话框
a) 元件图形　b) 参数设置

2. 电气元件模块库

在图 11-3 中右侧窗口中，用鼠标双击"Elements"图标，在窗口中将显示 29 种电气元件，如图 11-8 所示。这些元件可以分为三大类：负载元件、传输线和变压器。负载元件模型有：串联 RLC 支路（Series RLC Branch）、串联 RLC 负载（Series RLC Load）、并联 RLC 支路（Parallel RLC Branch）、并联 RLC 负载（Parallel RLC Load）等；传输线元件模型有：π形传输线（PI Section Line）、分布参数传输线（Distributed Parameters Line）、三相π形传输线（Three - Phase PI Section Line）等；变压器模型有：线性变压器（Linear Transformer）、多绕组变压器（Multi - Winding Transformer）、三相双绕组变压器 [Three - Phase Transformer (Two Windings)]、三相三绕组变压器 [Three - Phase Transformer (Three Windings)] 等。下面将仅对代表性的元件进行介绍。

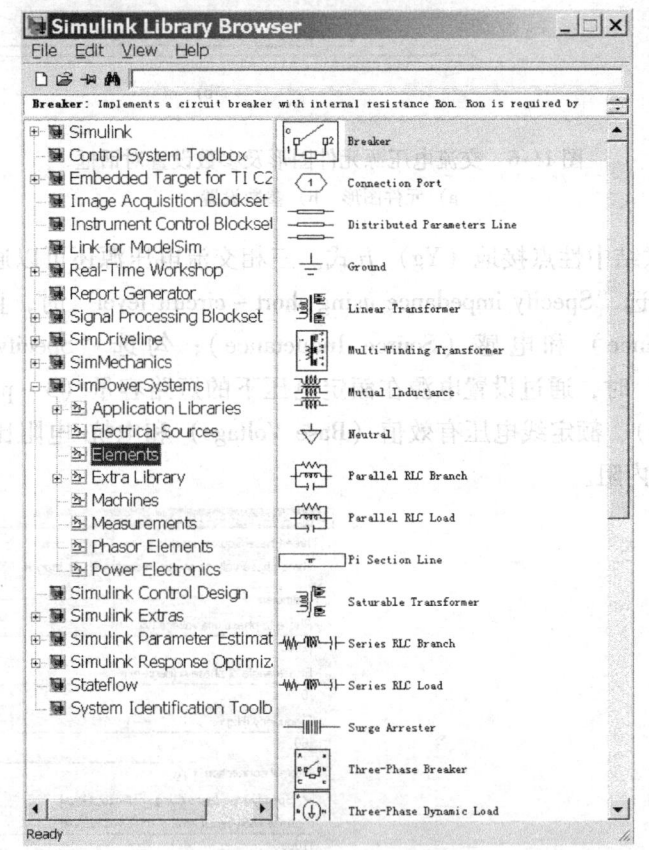

图 11-8 电气元件模块库

串联 RLC 支路元件和串联 RLC 负载元件主要用于对由电阻、电容、电感串联的电路建模，两者的元件图形及电路结构相同，如图 11-9a 所示，差别仅在于参数的描述方法。双击串联 RLC 支路元件将弹出该元件的参数设置对话框，如图 11-9b 所示。在 "Resistance"、"Inductance"、"Capacitance" 参数下可以分别设置三个元件的参数，如果电路中不含三者中的某个元件，则相应参数应设为 0（电阻或电感）或 inf（电容），在电路图形符号中这类元件也将自动消失。串联 RLC 负载元件则是通过设置每个元件的容量，由程序自动计算元件的参数。并联 RLC 支路元件和并联 RLC 负载元件用于描述由电阻、电容、电感并联的电路,参数设置方法类似,在此不再叙述。

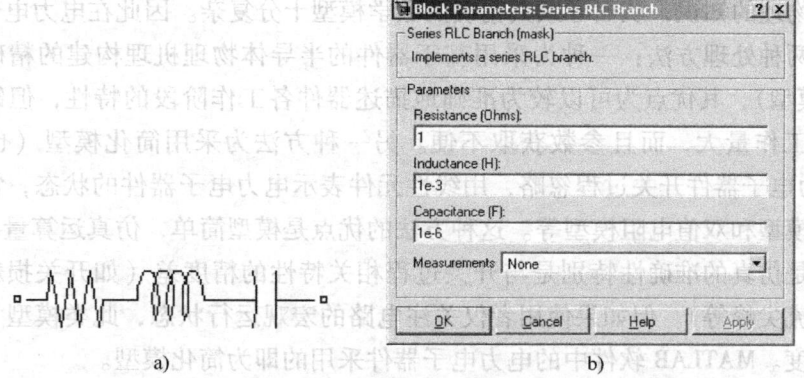

图 11-9 串联 RLC 支路元件图形及参数设置对话框
a) 元件图形 b) 参数设置

变压器模型中的三相双绕组变压器元件图形如图 11-10a 所示,双击变压器元件将弹出该元件的参数设置对话框,如图 11-10b 所示。在 "Nominal power and frequency" 参数下分别设置变压器的额定容量和频率;在 "Winding 1 (ABC) connection" 和 "Winding 2 (abc) connection" 参数下设置变压器一次侧、二次侧的联结方式(星形、三角形等);"Winding parameters" 参数下分别设置变压器一次侧、二次侧的额定线电压有效值、电阻和漏感的标幺值。在不考虑变压器铁心饱和时不勾选 "Saturable core"。在 "Magnetization resistance Rm" 和 "Magnetization reactance Lm" 参数下分别设置变压器的励磁绕组电阻、电感的标幺值。其他类型的变压器参数设置方法类似。

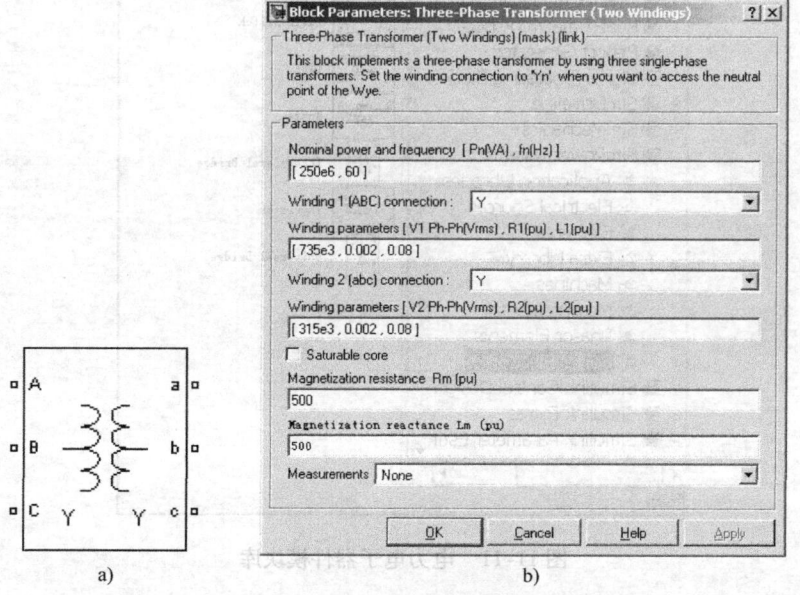

图 11-10 三相双绕组变压器元件图形及参数设置对话框
a) 元件图形 b) 参数设置

3. 电力电子器件模块库

电力电子器件模型是电力电子电路仿真中最为重要的部分,电力电子器件的工作原理涉及半导体物理的知识,从而导致其精确的数学模型十分复杂。因此在电力电子电路的仿真中一般有两种处理方法:一种为采用基于器件的半导体物理机理构建的精确数学模型(也称为微模型),其优点为可以较为准确地描述器件各工作阶段的特性,但缺点是模型复杂,计算工作量大,而且参数获取不便。另一种方法为采用简化模型(也称为宏模型),将电力电子器件开关过程忽略,用线性元件表示电力电子器件的状态,常用的模型有理想开关模型和双值电阻模型等。这种方法的优点是模型简单,仿真运算量小,计算速度快,缺点是仿真的准确性特别是与开关过程相关特性的精度差(如开关损耗、开关过程电压和电流尖峰等)。但如果使用者仅关注电路的宏观运行状态,此类模型一般也具备了足够的精度。MATLAB 软件中的电力电子器件采用的即为简化模型。

在图 11-3 的右侧窗口中,用鼠标双击"Power Electronics"图标,在窗口中将显示九种电力电子元件及电路模型,如图 11-11 所示,包括晶闸管、二极管、GTO、IGBT、MOSFET、理想开关、晶闸管精细模型七种元件模型以及由这七种元件模型构成的通用桥式电路、三电平桥式电路两种电路模型。七种电力电子器件均采用宏模型。

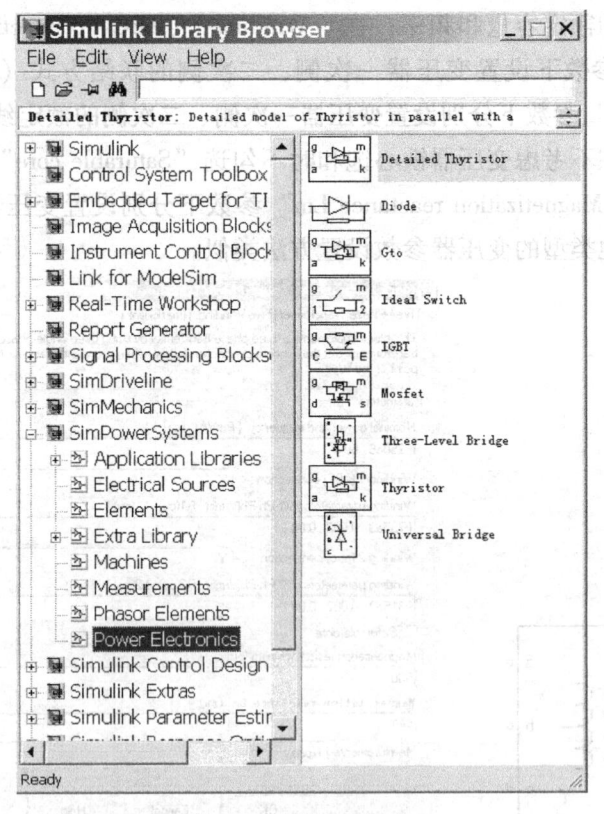

图 11-11 电力电子器件模块库

二极管元件图形如图 11-12a 所示,双击二极管元件将弹出该元件的参数设置对话框如图 11-12b 所示。二极管的正向导通状态的模型采用电阻、电感和电势三个元件串联构成，分别模拟器件的导通电阻、引线电感和门槛电压，并且在元件内部并联了 RC 吸收电路。在"Resistance Ron"、"Inductance Lon"、"Forward voltage Vf"参数下分别设置上述等效电阻、电感及门槛电压。"Initial current Ic"用于仿真非零初始状态下设置器件的初始电流。"Snubber resistance Rs"和"Snubber capacitance Cs"参数下设置与二极管并联的 RC 吸收电路元件参数。如果对参数的含义或设置方法有疑问，可以单击对话框中的"Help"按钮，查询帮助文件对元件的详细描述。

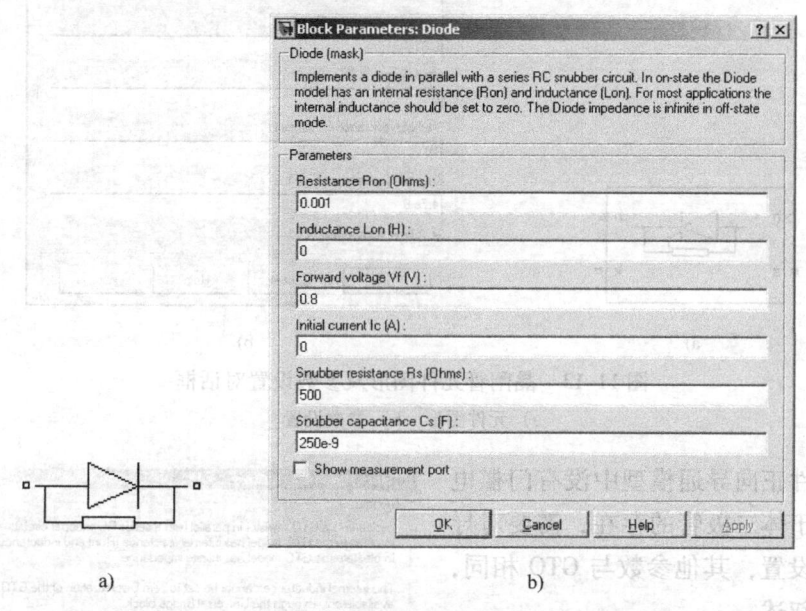

图 11-12 二极管元件图形及参数设置对话框
a) 元件图形　b) 参数设置

晶闸管元件图形如图 11-13a 所示，其中端子"a"为阳极，端子"k"为阴极，端子"g"为门极，端子"m"为晶闸管状态输出端（晶闸管电压及电流）。双击晶闸管元件将弹出该元件的参数设置对话框如图 11-13b 所示。晶闸管的正向导通状态的模型与二极管类似，也是采用电阻、电感和电势三个元件串联构成，分别模拟器件的导通电阻、引线电感和门槛电压，并且在元件内部并联了 RC 吸收电路。在"Resistance Ron"、"Inductance Lon"、"Forward voltage Vf"参数下分别设置上述等效电阻、电感及门槛电压。"Initial current Ic"用于仿真非零初始状态下设置器件的初始电流。"Snubber resistance Rs"和"Snubber capacitance Cs"参数下设置与二极管并联的 RC 吸收电路元件参数。当勾选"Show measurement port"时，晶闸管的电压及电流状态将在端子"m"输出，否则元件图形中的端子"m"将自动消失。在晶闸管精细模型中，除上述参数外，还有维持电流"Latching current Il"及关断时间"Turn off time Tq"两项参数需要设置。

GTO 元件的参数设置对话框如图 11-14 所示。GTO 的正向导通状态模型与晶闸管完全相同，参数含义及设置方法也是一样的。除上述参数外，GTO 增加了关断时电流下降时间"Current 10% fall time Tf"及电流拖尾时间"Current tail time Tt"两项参数描述 GTO 的关断特性。IGBT 元件的模型及参数设置方法与 GTO 相同。MOSFET 由于是单极型器

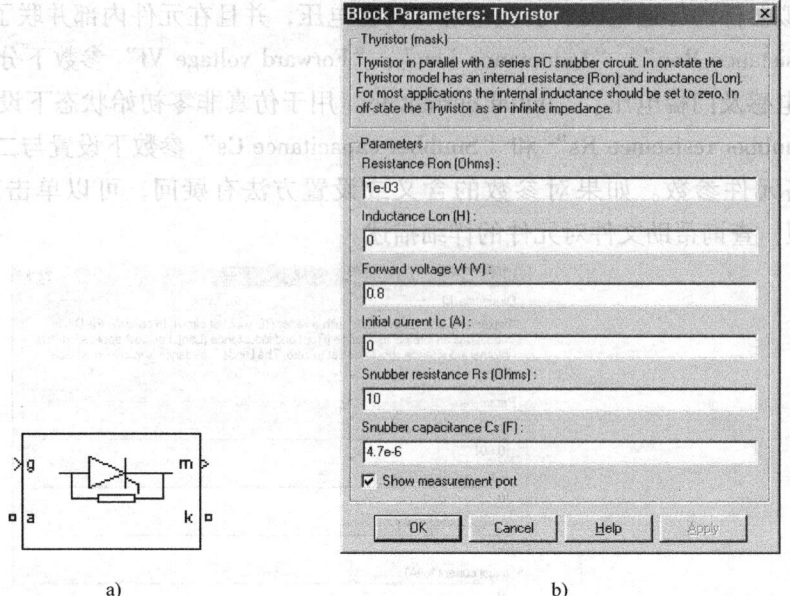

图 11-13 晶闸管元件图形及参数设置对话框
a) 元件图形　b) 参数设置

件，因此元件正向导通模型中没有门槛电压，同时由于体二极管的存在，需要对导通电阻进行设置，其他参数与 GTO 相同，在此也不再叙述。

通用桥式电路元件图形如图 11-15a 所示，其中端子"A"、"B"、"C"为交流输入端，端子"+"、"-"为直流输出端，端子"g"为驱动信号输入端。桥式电路的桥臂数量及构成元件均可在其参数设置对话框中进行修改，电路元件符号也会随参数的设置而自动改变。双击该元件将弹出该元件的参数设置对话框如图 11-15b 所示。在"Number of bridge arms"参数中选择桥式电路桥臂数（1~3）；"Snubber resistance Rs"和"Snubber capacitance Cs"参数下设置与电力电子器件并联的 RC 吸收电路元件参数。在"Power Electronic device"参数下选择所使用的器

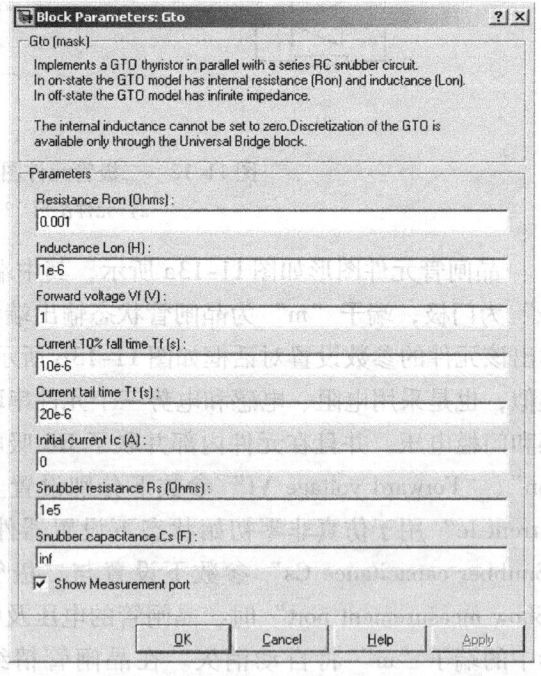

图 11-14　GTO 元件参数设置对话框

件类型，后续所需输入参数将随器件类型而变化，参数的含义及设置方法与前文介绍内容一致。因此这一种电路元件就可以完成单相、三相以及由二极管、晶闸管、全控型器件构

成的整流、逆变等多种桥式电路结构的建模和仿真工作。

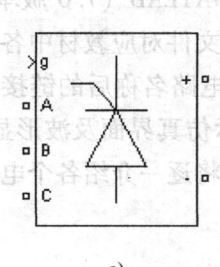
a)

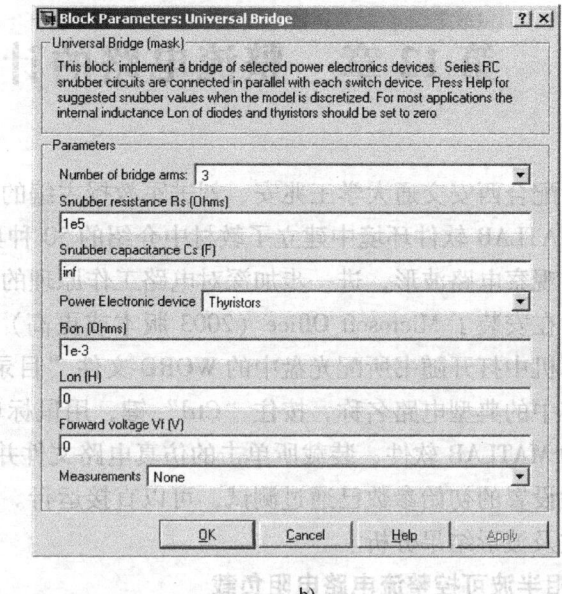
b)

图 11-15 通用桥式电路元件图形及参数设置对话框
a) 元件图形 b) 参数设置

第 12 章　整流电路的计算机仿真

本书为配合西安交通大学王兆安、刘进军教授主编的《电力电子技术》（第 5 版）的教学，在 MATLAB 软件环境中建立了教材中介绍的 50 种典型电路，学习中读者可以调节电路参数、观察电路波形，进一步加深对电路工作原理的理解和定量分析方法的掌握。

使用时在安装了 Microsoft Office（2003 版本或更高）及 MATLAB（7.0 版本或更高）软件的计算机中打开随书所配光盘中的 WORD 文件"目录"，文件对应教材中各章节列举了相应章节中的典型电路名称，按住"Ctrl"键，用鼠标单击电路名称后的链接，计算机将自动启动 MATLAB 软件、装载所单击的仿真电路文件并显示仿真界面及波形显示窗口，仿真电路中设置的初始参数已通过测试，可以直接运行。下面将逐一介绍各个电路的电路结构、参数及波形结果分析。

1. 单相半波可控整流电路电阻负载

打开随书所配光盘中的 WORD 文件"目录"，按住"Ctrl"键，用鼠标单击"单相半波可控整流电路电阻负载"后的链接，计算机将自动启动 MATLAB 软件、装载仿真电路文件并显示仿真界面及波形显示窗口如图 12-1 所示。图中左侧窗口显示电路仿真界面，右侧窗口为波形显示窗口。

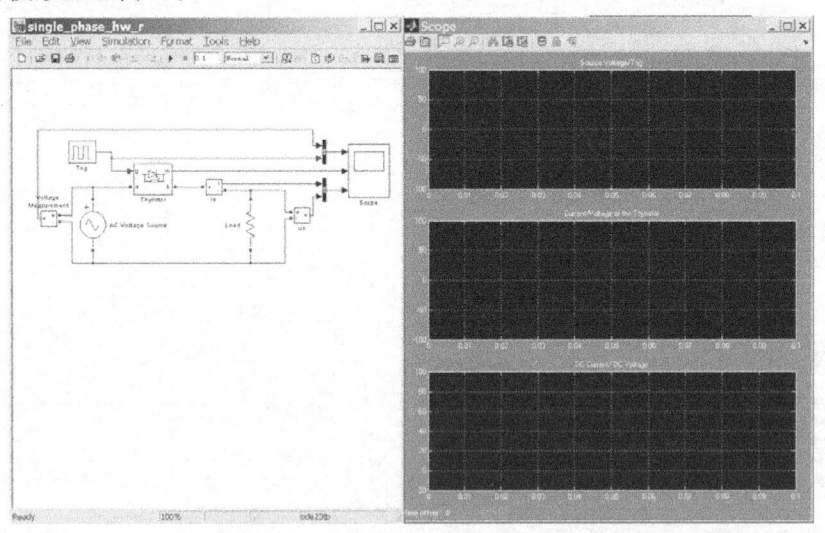

图 12-1　单相半波可控整流电路电阻负载仿真界面

图 12-2 为仿真电路中主要元件及其名称，其中电压与电流测量环节取自电气系统仿真库 SimPowerSystem 中的"Measurements"子库，电压测量环节输入侧连接至被测电路两端，输出端产生所测电路两点间的电压波形。电流测量环节串联接入电路中，输出端产生所测电路电流波形。总线合成环节（Bus Creator）取自 Simulink 库中的"Commonly Used

Blocks"子库,该环节将多路输入信号合成为信号总线,输出至示波器,以便在一幅波形图中同时显示多个波形曲线。

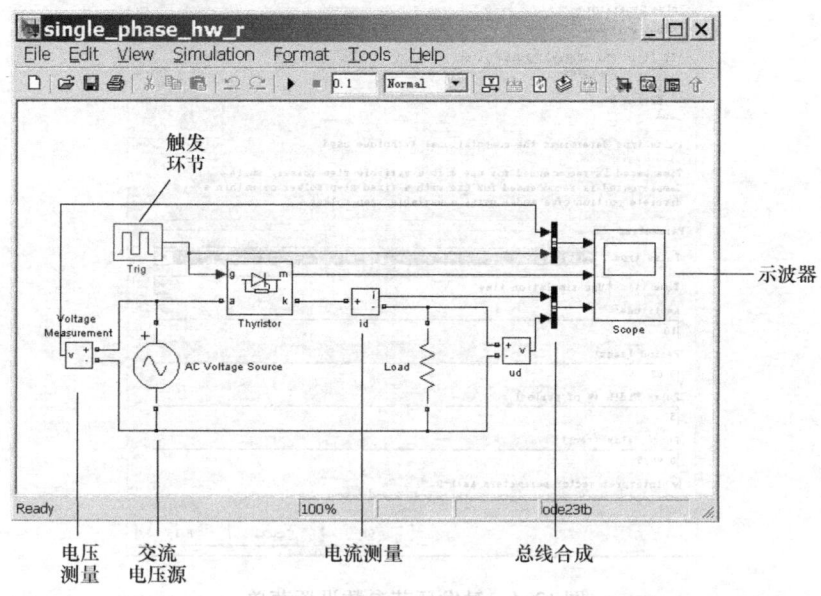

图 12-2 单相半波可控整流电路电阻负载电路仿真模型

示波器环节（Scope）取自 Simulink 库中的"Commonly Used Blocks"子库,双击该环节将显示图 12-1 右侧的波形显示窗口,单击窗口工具栏中的参数按钮"▦"将显示参数设置菜单如图 12-3 所示,通过设置"Number of axes",可以设置示波器窗口内的波形图数,"Time range"用于设置时间轴的时间范围,应根据电路的仿真时间进行选择。"Tick labels"用于选择时间轴的显示方式。"Sampling"菜单有两个选项:"Decimation"和"Sample time"用于设置显示间隔,"Decimation"设置为 n

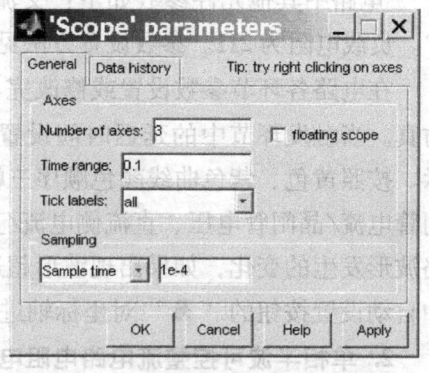

图 12-3 示波器环节参数设置菜单

时表示每计算 n 点显示一次,"Sample time"则直接设置显示的间隔时间,单位为秒。

触发环节取自 Simulink 库中的"Sources"下的"Pulse Generator"环节,可用于产生电力电子器件驱动信号,双击该环节将显示参数设置菜单如图 12-4 所示,脉冲形式（Pulse type）选择"Time based",时间（Time）选择"Use simulation time",脉冲幅度（Amplitude）用于设置触发脉冲的幅度,仿真中由于晶闸管采用宏模型,因此脉冲幅度可以不受实际驱动信号幅度限制,这里设置为 10V。脉冲周期（Period）取为电源周期 0.02s,脉冲宽度（Pulse Width）设置为窄脉冲,为电源周期的 5%（即 18°电角度）。相位延迟（Phase Delay）参数为由零时刻起至发出脉冲的间隔时间,在本电路中电源电压初始角度为 0°,因此该参数所对应的电角度即为触发延迟角 α。该参数初始设置为 2.5ms时,对应的 α 角为 45°,读者可以改变该参数观察不同触发延迟角条件下的电路工作波形。

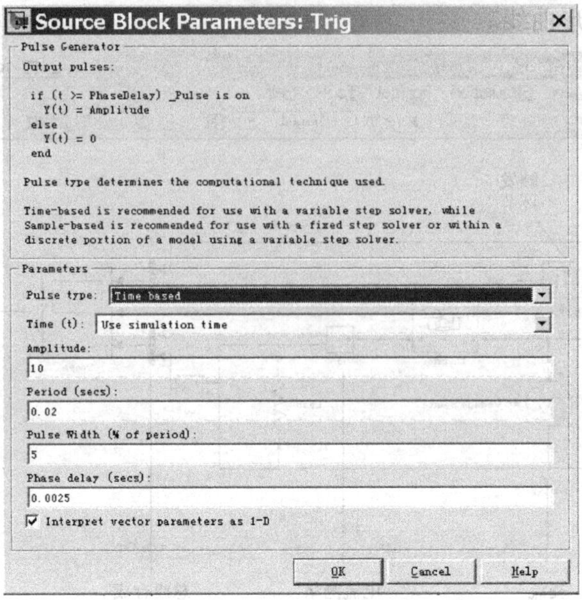

图 12-4 触发环节参数设置菜单

电路中其他元件参数如下：交流电源电压峰值为 100V，频率为 50Hz，初始相角为 0°。负载电阻为 2Ω。参数设置方法见 11.2 节。

在电路各环节参数设置或修改完毕后，单击仿真窗口中的开始运行按钮" ▶ "开始仿真。当触发环节中的延迟时间设置为 2.5ms（即 $\alpha=45°$）时的仿真波形如图 12-5 所示。按照黄色、紫色曲线颜色顺序三幅波形图中的波形依次为：电源电压/触发脉冲、晶闸管电流/晶闸管电压、直流侧电流/直流侧电压。读者可以改变触发延迟角等参数观察电路波形发生的变化，如果出现波形超过显示范围无法显示时，可以单击示波器窗口工具栏中自动设置按钮的" 🔍 "对坐标轴进行重新设置即可。

2. 单相半波可控整流电路电阻电感负载

单相半波可控整流电路电阻电感负载的电路仿真模型如图 12-6 所示，该电路与电阻性负载的唯一差别是负载不同。将负载参数设为 $R=1\Omega$，$L=0.02H$，其他参数不变。当触发环节中的延迟时间设置为 2.5ms（即 $\alpha=45°$）时的仿真波形如图 12-7 所示。按照黄色、紫色曲线颜色顺序三幅波形图中的波形依次为：电源电压/触发脉冲，晶闸管电流/晶闸管电压，直流侧电流/直流侧电压。读者可以改变触发延迟角为 90°（对应触发环节延迟时间为 5ms）、120°（对应触发环节延迟时间为 6.67ms），负载电感 $L=0.01H$、$L=0.005H$ 等参数观察电路波形发生的变化。

3. 单相半波可控整流电阻电感负载带续流二极管电路

单相半波可控整流电路电阻电感负载的电路仿真模型如图 12-8 所示，该电路在单相半波可控整流电路电阻电感负载电路基础上增加了续流二极管。将负载参数设为 $R=1\Omega$，$L=0.1H$，其他参数不变。当触发环节中的延迟时间设置为 2.5ms（即 $\alpha=45°$）时的仿真

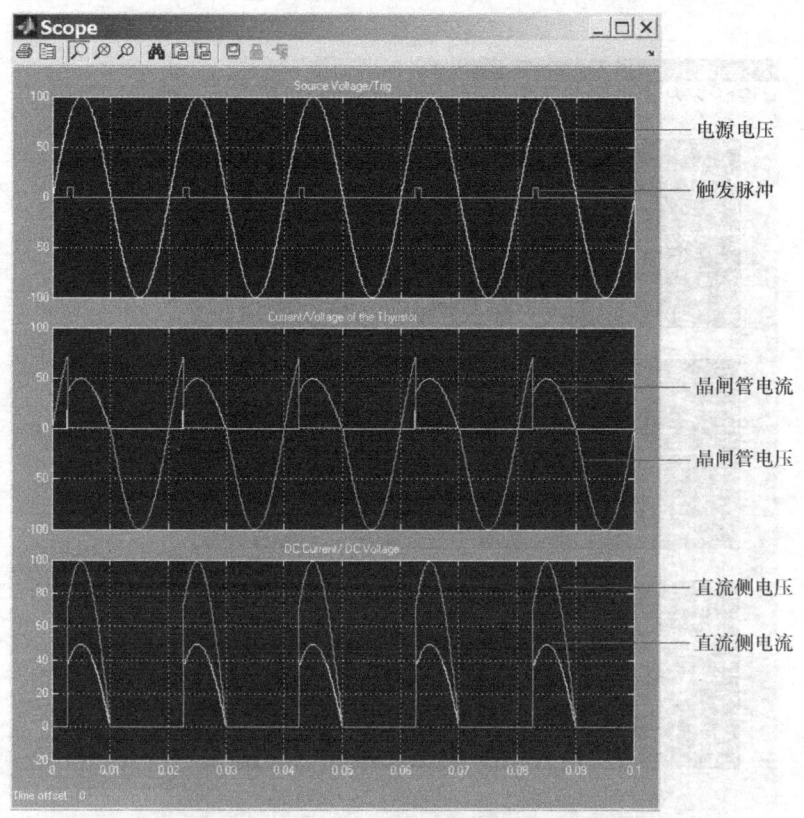

图12-5 α=45°时单相半波可控整流电路电阻负载仿真波形

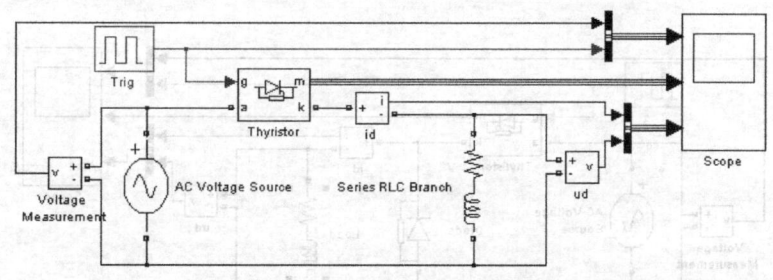

图12-6 单相半波可控整流电路电阻电感负载电路仿真模型

波形如图12-9所示。按照黄色、紫色曲线颜色顺序三幅波形图中的波形依次为：电源电压/触发脉冲、晶闸管电流/晶闸管电压、直流侧电流/直流侧电压。读者可以改变触发延迟角为90°（对应触发环节延迟时间为5ms）、120°（对应触发环节延迟时间为6.67ms），负载电感 $L=0.2H$、$L=0.05H$ 等参数观察电路波形发生的变化。需要注意的是，该电路中由于存在电感这个储能环节，电感电流初始值设为0，因此电路存在过渡过程。为了显示电路的稳态工作波形，仿真中将仿真时间设为0.3s，最终显示波形为0.2~0.3s的电路波形，此时电路已接近稳态。但仔细观察直流电流波形，仍可以发现微小变化，特别是在大负载电感时较为明显，如需仔细观察稳态波形，可以将仿真时间进一步延长。

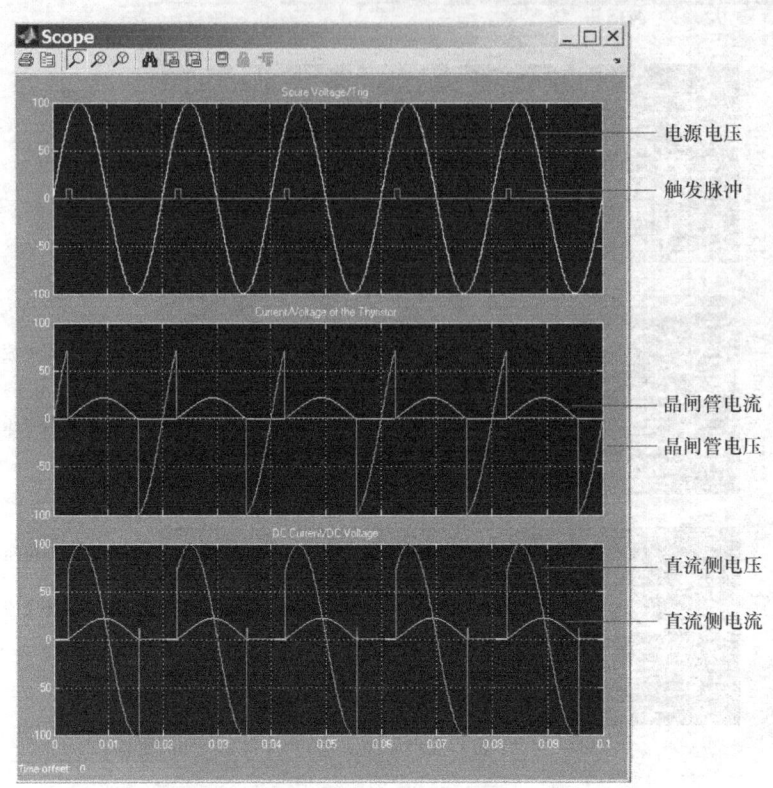

图 12-7　α=45°时单相半波可控整流电路电阻电感负载电路仿真波形

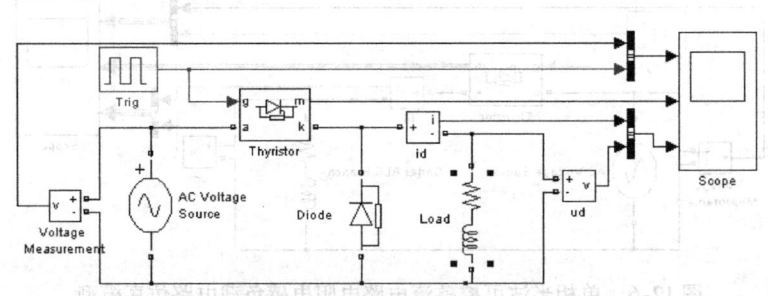

图 12-8　单相半波可控整流电阻电感负载带续流二极管电路仿真模型

4. 单相桥式全控整流电路电阻负载

单相桥式全控整流电路电阻负载的电路仿真模型如图 12-10 所示，该电路采用四只晶闸管构成桥式全控整流电路，采用 Trig14、Trig23 两个触发脉冲环节分别产生 1、4 管及 2、3 管的驱动信号，由于两对晶闸管分别于正、负半周导通，触发延迟角相差 180°，因此两个触发环节的延迟时间相差 180°（电网频率为 50Hz 时，对应时间为 10ms）。电路中交流电源电压峰值为 100V，频率为 50Hz，初始相角为 0°，负载电阻为 2Ω。当触发环节中的延迟时间分别设置为 2.5ms、12.5ms（即 α=45°）时的仿真波形如图 12-11 所示。

第 12 章 整流电路的计算机仿真　　75

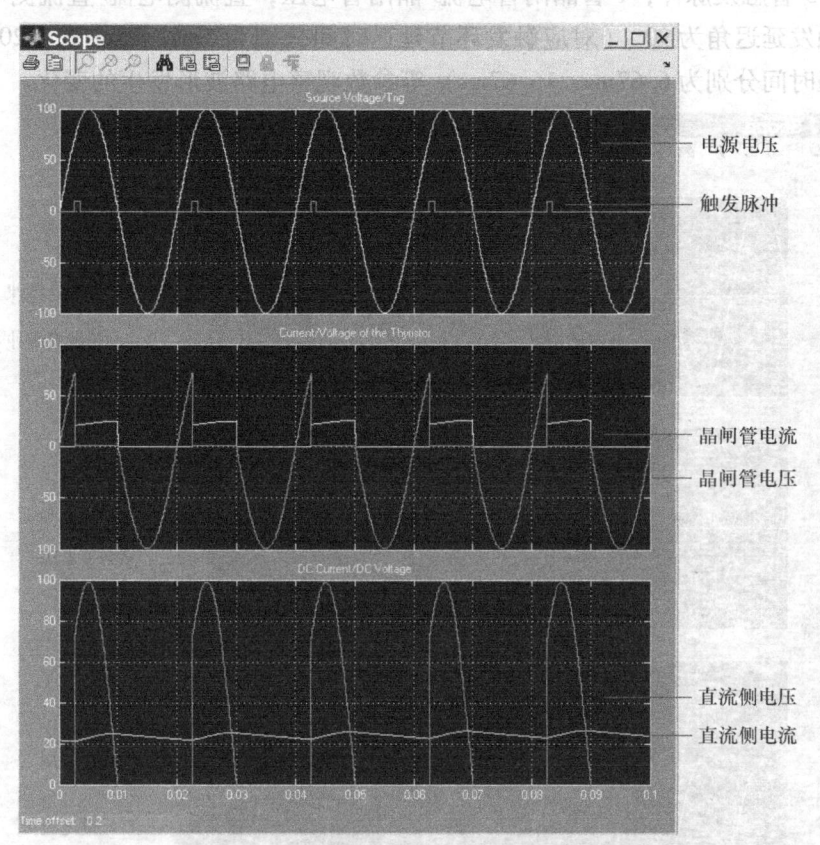

图 12-9　α=45°时单相半波可控整流电阻电感负载带续流二极管电路仿真波形

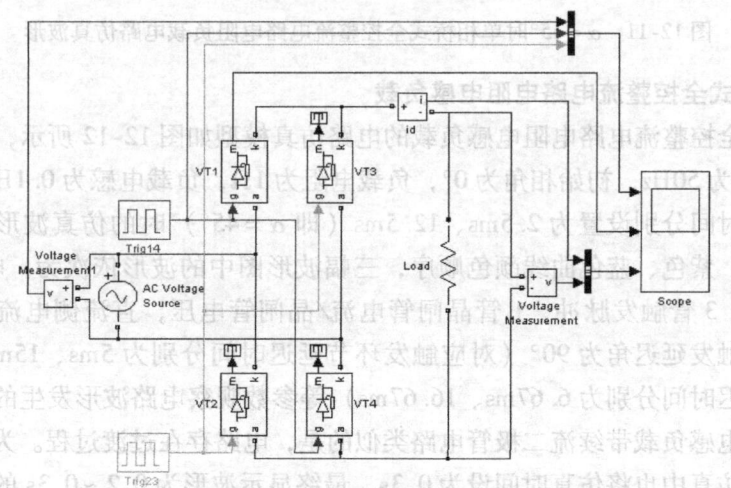

图 12-10　单相桥式全控整流电路电阻负载电路仿真模型

按照黄色、紫色、蓝色曲线颜色顺序，三幅波形图中的波形依次为：电源电压/1、4 管触发脉冲/2、3管触发脉冲，1管晶闸管电流/晶闸管电压，直流侧电流/直流侧电压。读者可以改变触发延迟角为90°（对应触发环节延迟时间分别为5ms、15ms）、120°（对应触发环节延迟时间分别为6.67ms、16.67ms）等参数观察电路波形发生的变化。

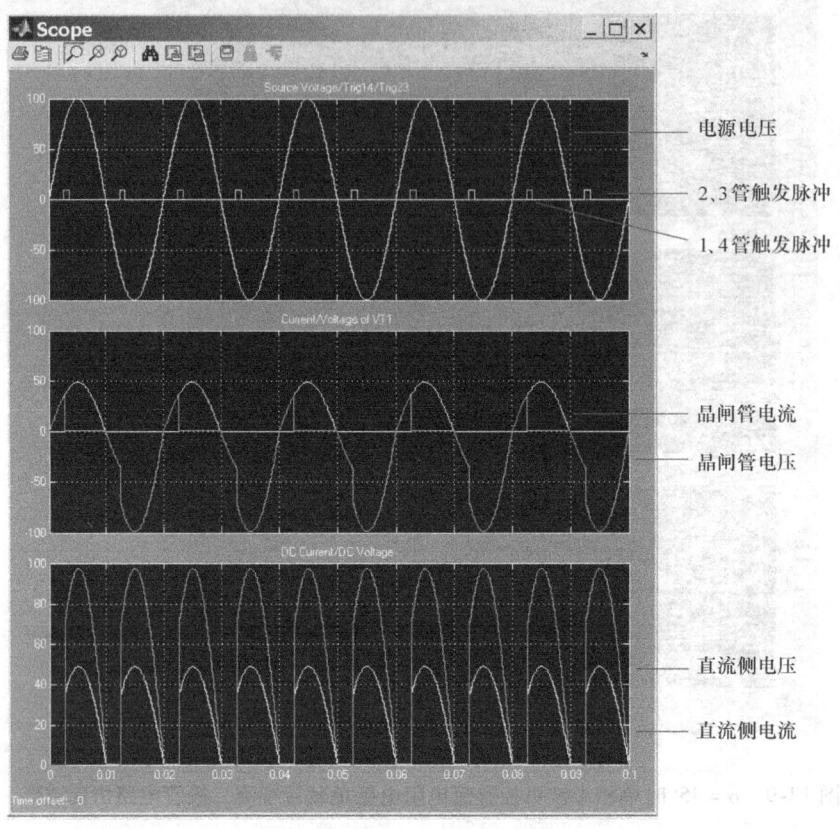

图12-11　$\alpha=45°$时单相桥式全控整流电路电阻负载电路仿真波形

5. 单相桥式全控整流电路电阻电感负载

单相桥式全控整流电路电阻电感负载的电路仿真模型如图12-12所示，电源电压峰值为100V，频率为50Hz，初始相角为0°，负载电阻为1Ω，负载电感为0.1H。当两个触发环节中的延迟时间分别设置为2.5ms、12.5ms（即$\alpha=45°$）时的仿真波形如图12-13所示。按照黄色、紫色、蓝色曲线颜色顺序，三幅波形图中的波形依次为：电源电压/1、4管触发脉冲/2、3管触发脉冲，1管晶闸管电流/晶闸管电压，直流侧电流/直流侧电压。读者可以改变触发延迟角为90°（对应触发环节延迟时间分别为5ms、15ms）、120°（对应触发环节延迟时间分别为6.67ms、16.67ms）等参数观察电路波形发生的变化。与半波整流电路电阻电感负载带续流二极管电路类似的是，电路存在过渡过程。为显示电路的稳态工作波形，仿真中也将仿真时间设为0.3s，最终显示波形为0.2~0.3s的电路波形，此时电路已接近稳态。但仔细观察直流电流波形，仍可以发现微小变化，特别是在大负载电感时较为明显。

第 12 章 整流电路的计算机仿真

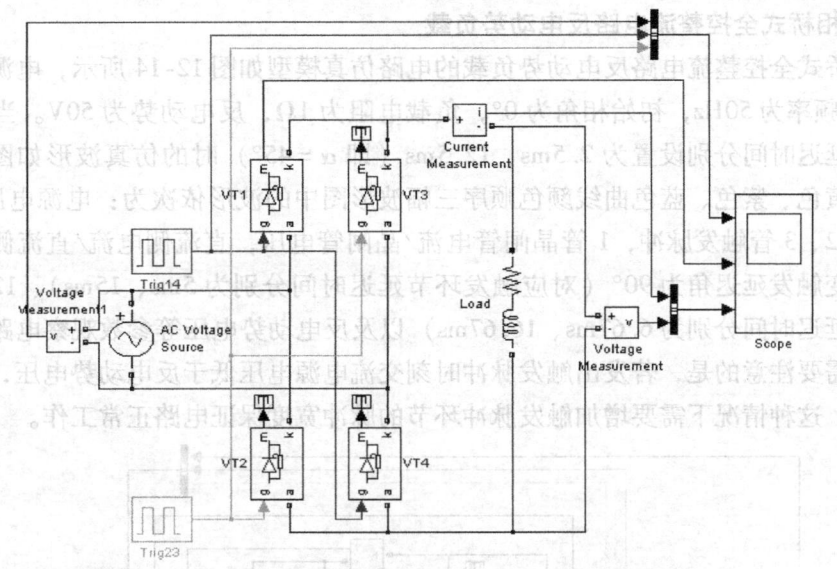

图 12-12 单相桥式全控整流电路电阻电感负载电路仿真模型

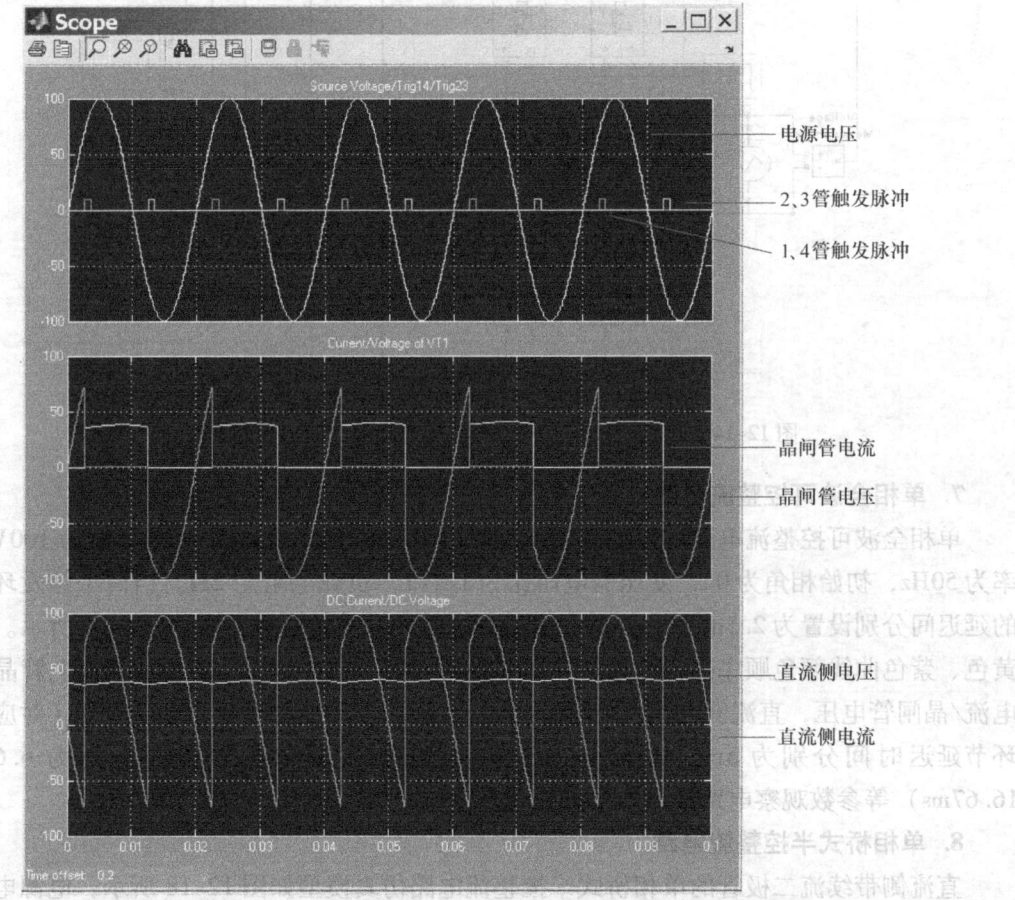

图 12-13 $\alpha=45°$ 时单相桥式全控整流电路电阻电感负载电路仿真波形

6. 单相桥式全控整流电路反电动势负载

单相桥式全控整流电路反电动势负载的电路仿真模型如图12-14所示，电源电压峰值为100V，频率为50Hz，初始相角为0°，负载电阻为1Ω，反电动势为50V。当两个触发环节中的延迟时间分别设置为2.5ms、12.5ms（即$\alpha=45°$）时的仿真波形如图12-15所示。按照黄色、紫色、蓝色曲线颜色顺序三幅波形图中的波形依次为：电源电压/1、4管触发脉冲/2、3管触发脉冲，1管晶闸管电流/晶闸管电压，直流侧电流/直流侧电压。读者可以改变触发延迟角为90°（对应触发环节延迟时间分别为5ms、15ms）、120°（对应触发环节延迟时间分别为6.67ms、16.67ms）以及反电动势电压等参数观察电路波形发生的变化。需要注意的是，若发出触发脉冲时刻交流电源电压低于反电动势电压，则晶闸管不能导通。这种情况下需要增加触发脉冲环节的脉冲宽度保证电路正常工作。

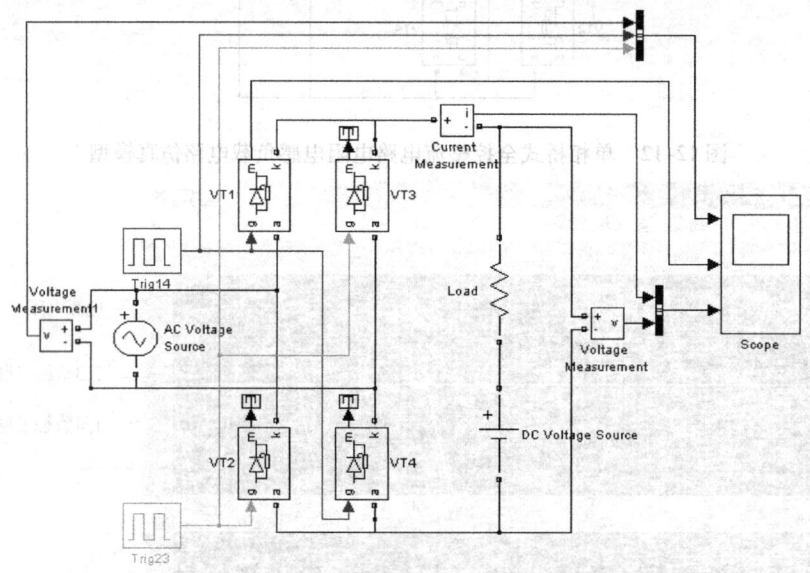

图12-14 单相桥式全控整流电路反电动势负载电路仿真模型

7. 单相全波可控整流电路

单相全波可控整流电路的电路仿真模型如图12-16所示，电源电压峰值为100V，频率为50Hz，初始相角为0°，变压器电压比为1:1:1，负载电阻为2Ω。当两个触发环节中的延迟间分别设置为2.5ms、12.5ms（即$\alpha=45°$）时的仿真波形如图12-17所示。按照黄色、紫色曲线颜色顺序三幅波形图中的波形依次为：电源电压/电源电流，1管晶闸管电流/晶闸管电压，直流侧电流/直流侧电压。读者可以改变触发延迟角为90°（对应触发环节延迟时间分别为5ms、15ms）、120°（对应触发环节延迟时间分别为6.67ms、16.67ms）等参数观察电路波形发生的变化。

8. 单相桥式半控整流电路

直流侧带续流二极管的单相桥式半控整流电路仿真模型如图12-18所示，电源电压峰值为100V，频率为50Hz，初始相角为0°，负载为阻感负载，电阻为1Ω，电感为0.1H。当两个触发环节中的延迟时间分别设置为2.5ms、12.5ms（即$\alpha=45°$）时的仿真波形如

第 12 章 整流电路的计算机仿真

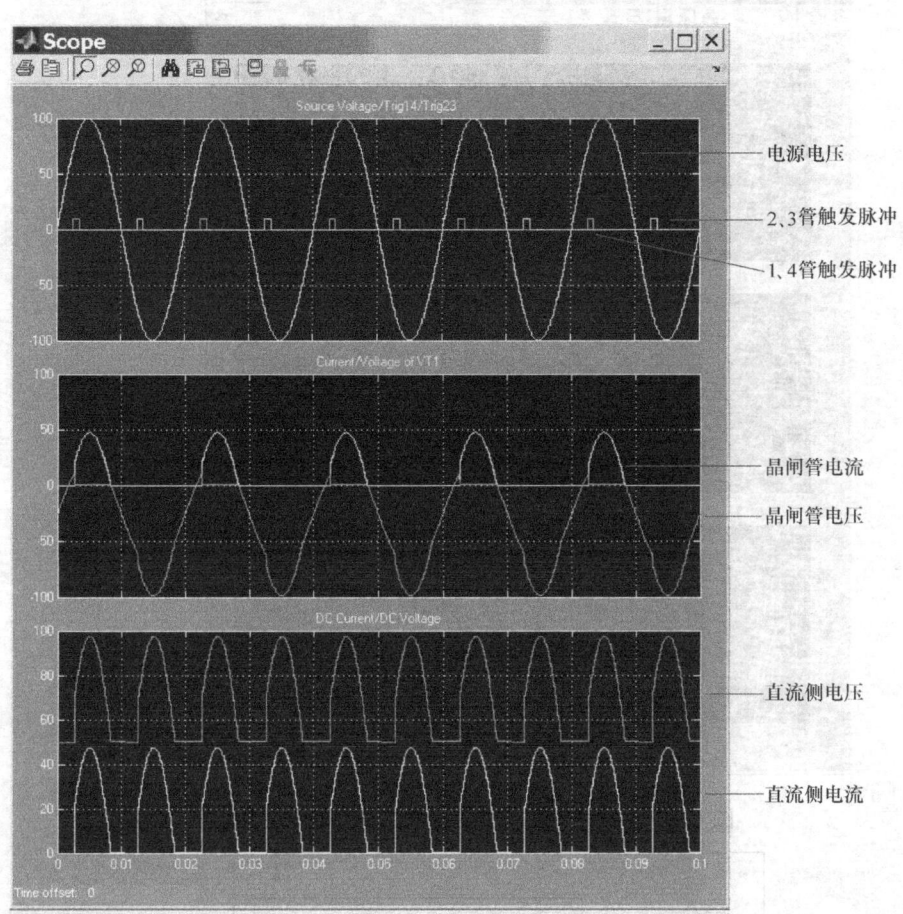

图 12-15 α=45°时单相桥式全控整流电路反电动势负载电路仿真波形

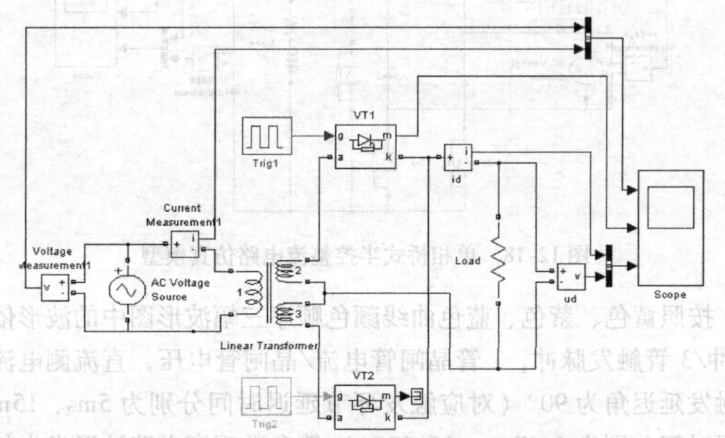

图 12-16 单相全波可控整流电路仿真模型

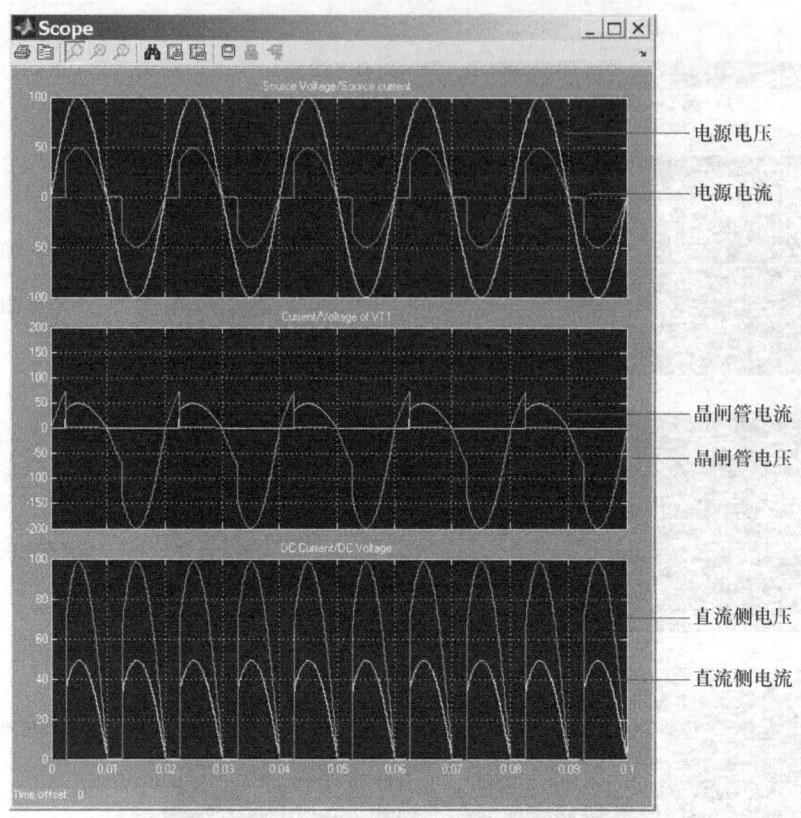

图 12-17　α=45°时单相全波可控整流电路仿真波形

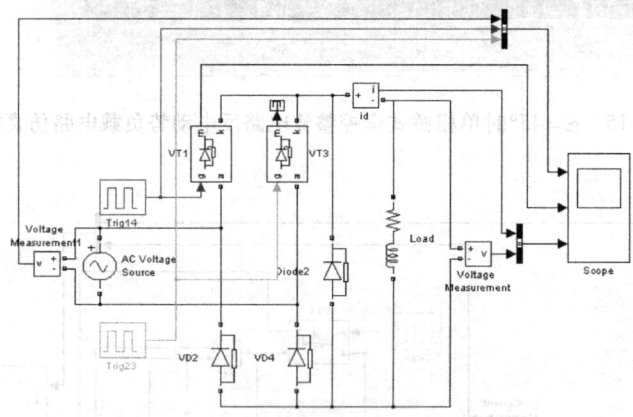

图 12-18　单相桥式半控整流电路仿真模型

图 12-19 所示。按照黄色、紫色、蓝色曲线颜色顺序三幅波形图中的波形依次为：电源电压/1 管触发脉冲/3 管触发脉冲，1 管晶闸管电流/晶闸管电压，直流侧电流/直流侧电压。读者可以改变触发延迟角为 90°（对应触发环节延迟时间分别为 5ms、15ms）、120°（对应触发环节延迟时间分别为 6.67ms、16.67ms）等参数观察电路波形发生的变化。电路仿真中也将仿真时间设为 0.3s，最终显示波形为 0.2～0.3s 的电路波形，此时电路已接近稳态。

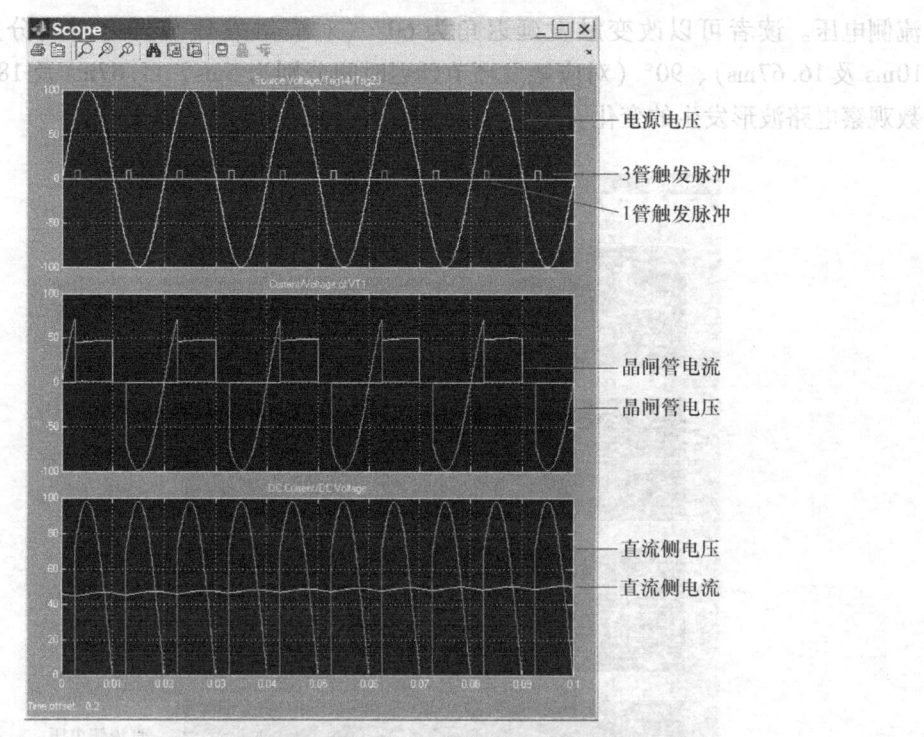

图 12-19　α=45°时单相桥式半控整流电路仿真波形

9. 三相半波可控整流电路电阻负载

三相半波可控整流电路电阻负载电路仿真模型如图 12-20 所示，电源相电压峰值为 100V，频率为 50Hz，A 相初始相角为 30°，负载为电阻负载，电阻为 2Ω。由于三相半波可控整流电路 α 角的起点为相电压交点，因此本仿真模型中对应 α 角为 0°的 A、B、C 三相对应的三个触发环节中的延迟时间分别设置为 0、6.67ms、13.33ms，此时的仿真波形如图 12-21 所示。按照黄色、紫色、蓝色曲线颜色顺序三幅波形图中的波形依次为：A 相/B 相/C 相电源电压，A 相/B 相/C 相触发脉冲，1 管晶闸管电流/晶闸管电压，直流侧电流/直

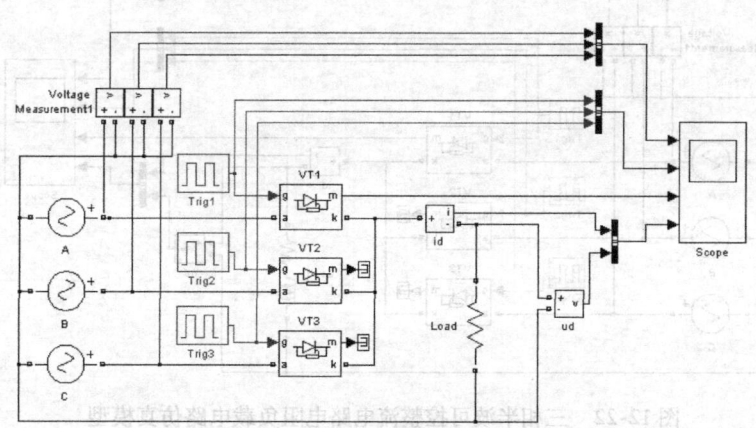

图 12-20　三相半波可控整流电路电阻负载电路仿真模型

流侧电压。读者可以改变触发延迟角为 60°（对应触发环节延迟时间分别为 3.33ms、10ms 及 16.67ms）、90°（对应触发环节延迟时间分别为 5ms、11.67ms 及 18.33ms）等参数观察电路波形发生的变化。

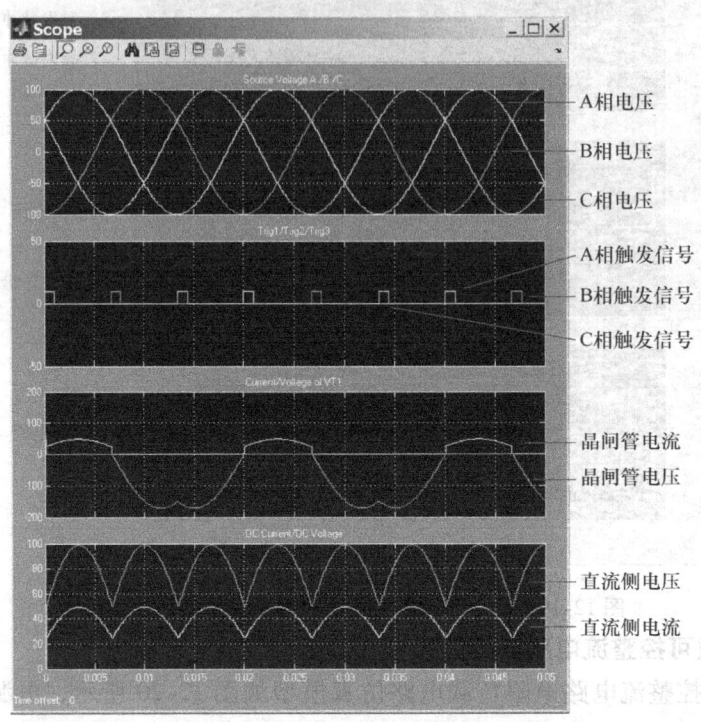

图 12-21　$\alpha = 0°$ 时三相半波可控整流电路电阻负载电路仿真波形

10. 三相半波可控整流电路电阻电感负载

三相半波可控整流电路电阻电感负载电路仿真模型如图 12-22 所示，电源相电压峰值

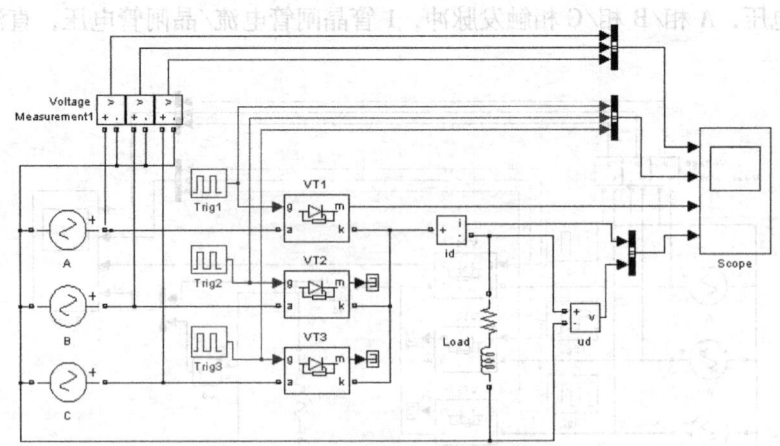

图 12-22　三相半波可控整流电路电阻负载电路仿真模型

为100V，频率为50Hz，A相初始相角为30°，负载为电阻电感负载，电阻为2Ω，电感为0.05H。由于三相半波可控整流电路α角的起点为相电压交点，因此本仿真模型中对应α角为60°的A、B、C三相对应的三个触发环节中的延迟时间分别设置为3.33ms、10ms、16.67ms，此时的仿真波形如图12-23所示。按照黄色、紫色、蓝色曲线颜色顺序三幅波形图中的波形依次为：A相/B相/C相电源电压，A相/B相/C相触发脉冲，1管晶闸管电流/晶闸管电压，直流侧电流/直流侧电压。读者可以改变触发延迟角为30°（对应触发环节延迟时间分别为1.67ms、8.33ms及15ms）、90°（对应触发环节延迟时间分别为5ms、11.67ms及18.33ms）等参数观察电路波形发生的变化。电路仿真中将仿真时间设为0.15s，最终显示波形为0.1～0.15s的电路波形，此时电路已接近稳态。

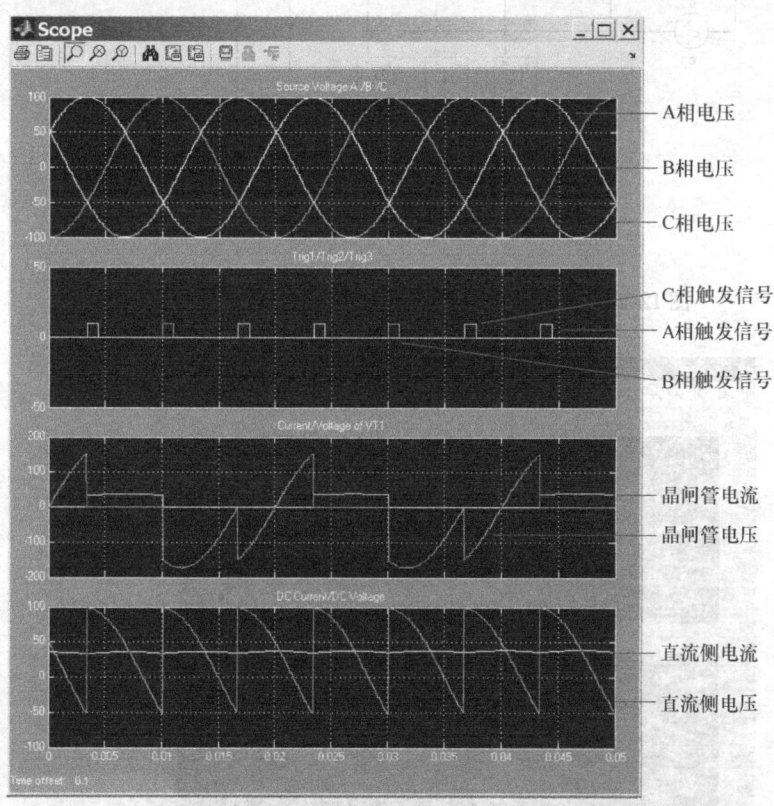

图12-23　α=60°时三相半波可控整流电路电阻电感负载电路仿真波形

11. 三相桥式全控整流电路电阻负载

三相桥式全控整流电路电阻负载电路仿真模型如图12-24所示，电源相电压峰值为100V，频率为50Hz，A相初始相角为30°，负载为电阻负载，电阻为2Ω。由于三相桥式全控整流电路α角的起点为相电压交点，因此本仿真模型中对应α角为60°的A、B、C三相对应的六个触发环节中的延迟时间分别设置为3.33ms、6.67ms、10ms、13.33ms、16.67ms、0，依次相差3.33ms，此时的仿真波形如图12-25所示。由于需要保证共阴极组和共阳极组各有一个晶闸管同时导通，触发环节的脉冲宽度选为20%的电源周期（即宽

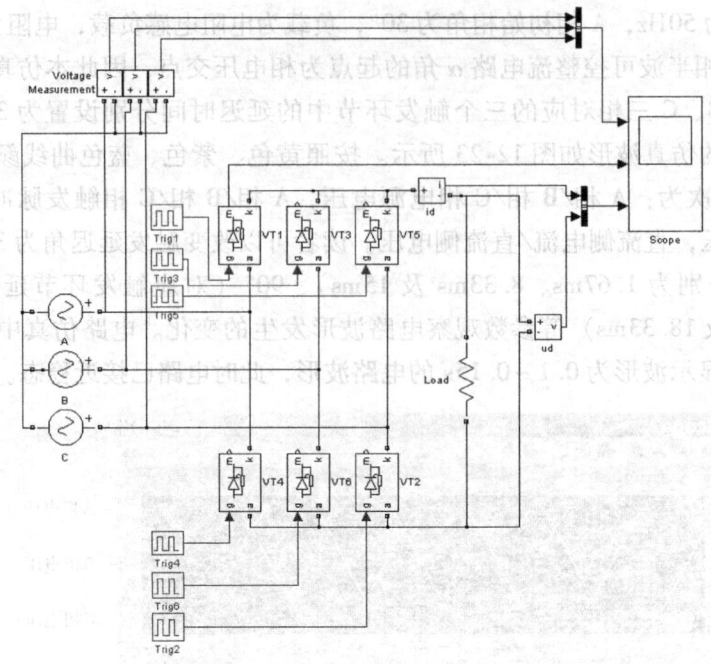

图 12-24 三相桥式全控整流电路电阻负载电路仿真模型

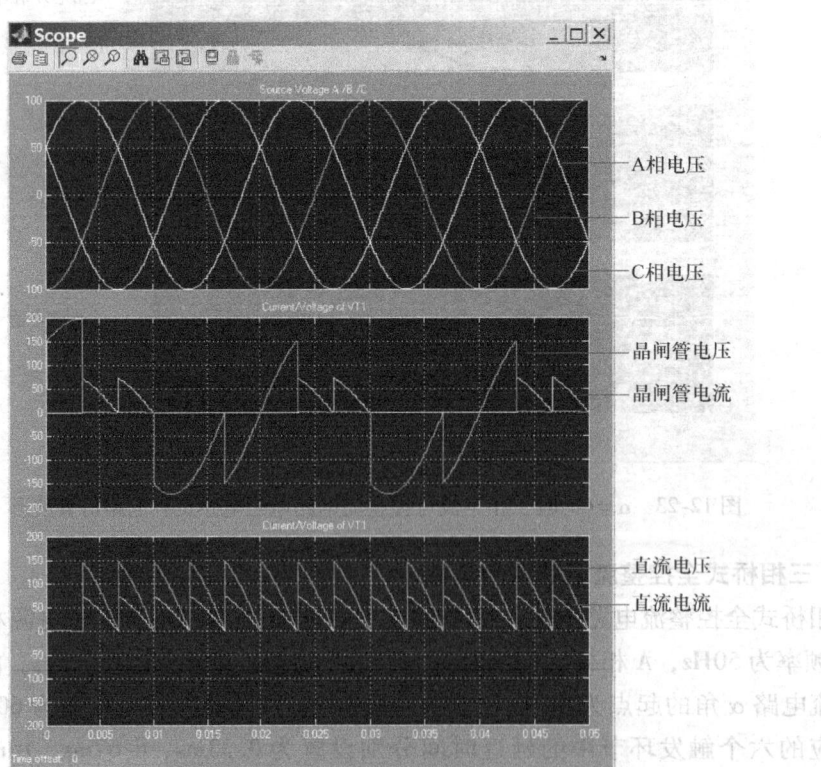

图 12-25 $\alpha=60°$ 时三相桥式全控整流电路电阻负载电路仿真波形

脉冲触发方式）。按照黄色、紫色、蓝色曲线颜色顺序三幅波形图中的波形依次为：A相/B相/C相电源电压，1管晶闸管电流/晶闸管电压，直流侧电流/直流侧电压。读者可以改变触发延迟角为30°（对应触发环节延迟时间分别为1.67ms、5ms、8.33ms、11.67ms、15ms及18.33ms）等参数观察电路波形发生的变化，并熟悉各晶闸管触发脉冲的时序关系。

12. 三相桥式全控整流电路电阻电感负载

三相桥式全控整流电路电阻电感负载电路仿真模型如图12-26所示。在上个实例中掌握了三相桥式全控整流电路各晶闸管触发信号的设定方法后，本仿真实例中采用更为简洁方便的电路仿真模型。仿真电路中三相桥式全控整流电路采用11.2节介绍的通用桥式电路，触发环节采用 SimPowerSystems 库中的"Extra Library \ Control Blocks"下的"Synchronized 6 – Pulse Generator"环节，可用于产生三相桥式全控整流电路所需的六路驱动信号。

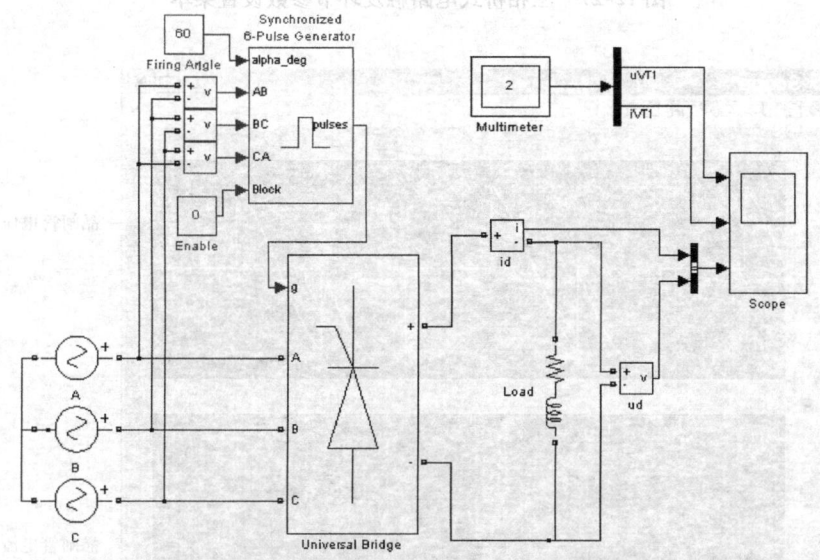

图12-26 三相桥式全控整流电路电阻负载电路仿真模型

该环节有五个输入端和一个输出端。输入端 alpha_deg 为移相控制角信号，单位为度，输入端 AB、BC、CA 是同步线电压输入端，需要与三相桥式整流电路输入侧电压相对应。输出端产生六路驱动脉冲，与三相桥式整流电路的脉冲输入端 g 相连。双击该元件可弹出参数设置对话框如图12-27所示。参数"Frequency of synchronization voltages"为同步电压频率，"Pulse width"为输出触发脉冲宽度，当勾选"Double pulsing"时，触发环节输出相应宽度间隔60°的双脉冲。

电路中其他元件参数为电源相电压峰值100V，频率为50Hz，负载为电阻电感负载，电阻为2Ω，电感为0.02H。在通用桥式电路环节参数中的"Measurements"下选择"All voltages and currents"，则采用"Multimeter"环节即可选择整流桥电路中各元件的电压、电流进行观测。当 $\alpha = 60°$ 时电路的仿真波形如图12-28所示。改变触发环节"alpha_ deg"端输入信号即可获得各种触发延迟角下的电路工作波形。

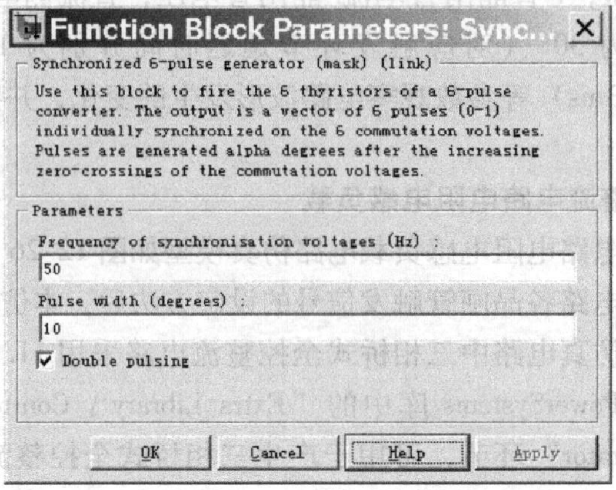

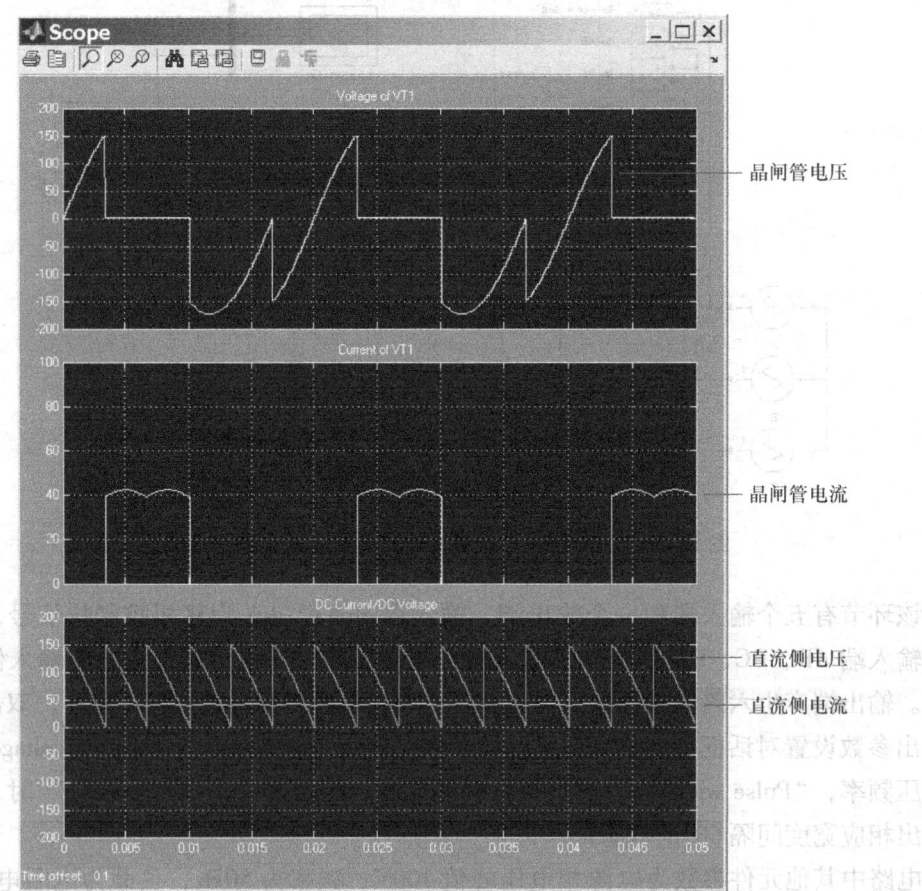

图 12-27 三相桥式电路触发环节参数设置菜单

图 12-28 α=60°时三相桥式全控整流电路电阻负载电路仿真波形

13. 三相半波可控整流电路含变压器漏抗

三相半波可控整流电路含变压器漏抗电路仿真模型如图 12-29 所示。电路中元件参数为电源相电压峰值 100V，频率为 50Hz，A 相初始相角为 30°，负载为电阻电感负载，电阻为 2Ω，电感为 0.05H，变压器漏感为 2mH。当 $\alpha = 30°$ 时电路的仿真波形如图 12-30 所示。改变三个触发环节的延时时间可获得各种触发延迟角下的电路工作波形。电路仿真中将仿真时间设为 0.15s，最终显示波形为 0.1～0.15s 的电路波形，此时电路已接近稳态。

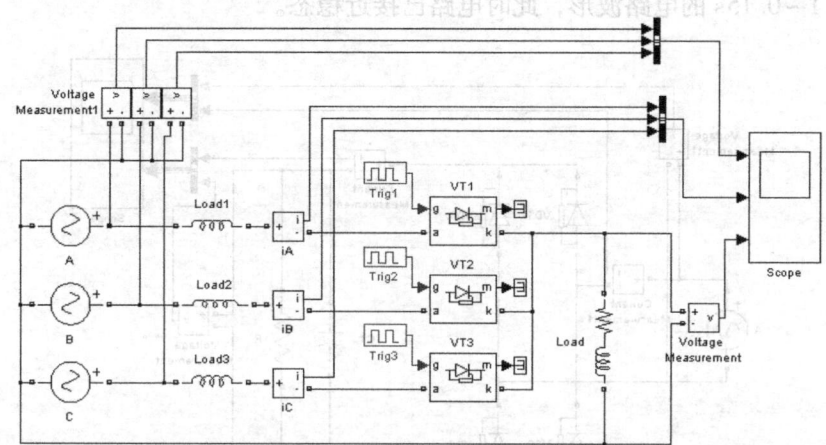

图 12-29　三相半波可控整流电路含变压器漏抗电路仿真模型

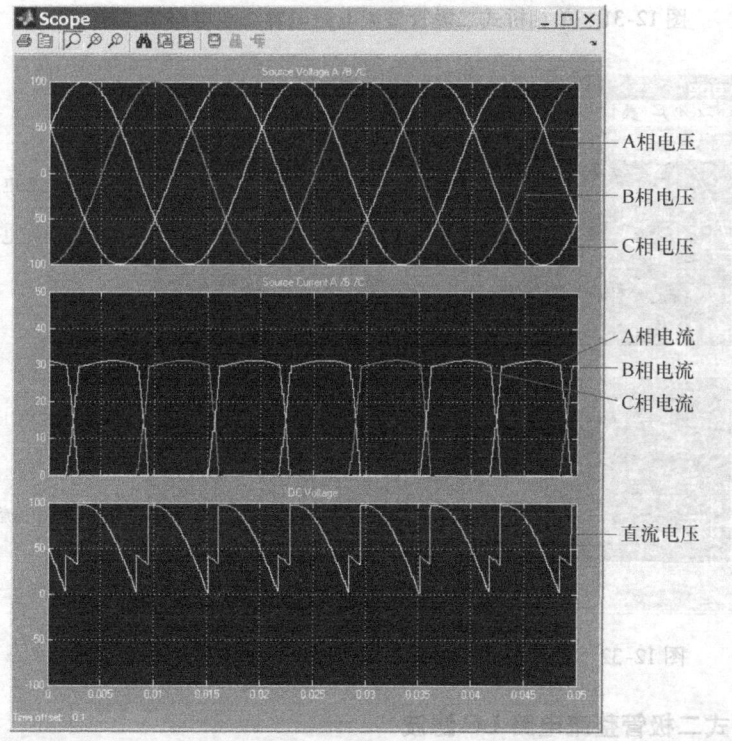

图 12-30　$\alpha = 30°$ 时三相半波可控整流电路含变压器漏抗电路仿真波形

14. 单相桥式二极管整流电路电容滤波

单相桥式二极管整流电路电容滤波电路仿真模型如图 12-31 所示。电路中元件参数为电源相电压峰值 100V，频率为 50Hz，初始相角为 0°，滤波电容为 1000μF，负载电阻为 10Ω。电路的仿真波形如图 12-32 所示。按照黄色、紫色曲线颜色顺序两幅波形图中的波形依次为：交流电源电压/电源电流、直流侧电流/直流侧电压。读者可以改变负载电阻的数值，观察直流电压及交流电流波形的变化。电路仿真中将仿真时间设为 0.15s，最终显示波形为 0.1~0.15s 的电路波形，此时电路已接近稳态。

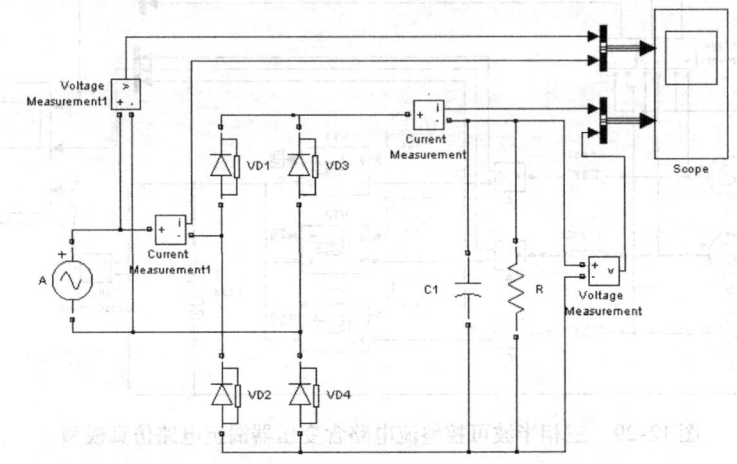

图 12-31　单相桥式二极管整流电路电容滤波电路仿真模型

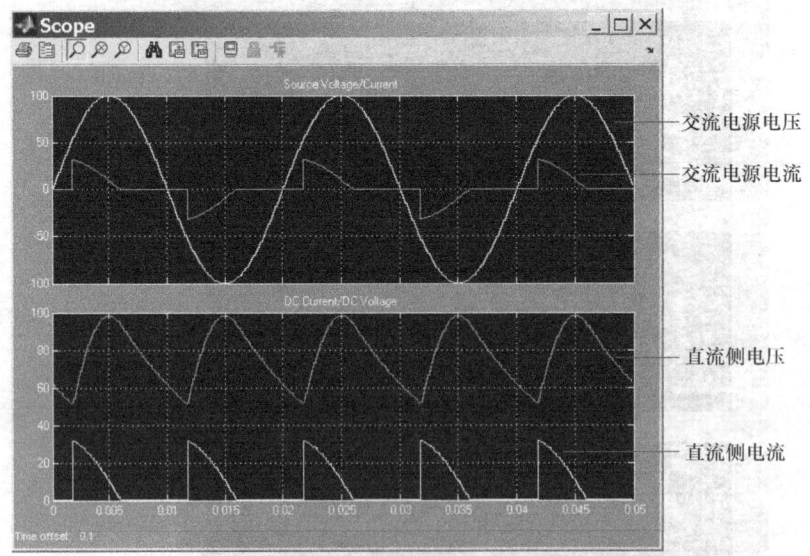

图 12-32　单相桥式二极管整流电路电容滤波电路仿真波形

15. 单相桥式二极管整流电路 LC 滤波

单相桥式二极管整流电路 LC 滤波电路仿真模型如图 12-33 所示。电路中元件参数为电源相电压峰值 100V，频率为 50Hz，初始相角为 0°，滤波电感为 1mH，滤波电容为 2000μF，负载电阻为 10Ω。电路的仿真波形如图 12-34 所示。按照黄色、紫色曲线颜色顺序两幅波形图中的波形依次为：交流电源电压/电源电流、直流侧电流/直流侧电压。读者可以改变负载电阻的数值，观察直流电压及交流电流波形的变化。电路仿真中将仿真时间设为 0.15s，最终显示波形为 0.1~0.15s 的电路波形，此时电路已接近稳态。

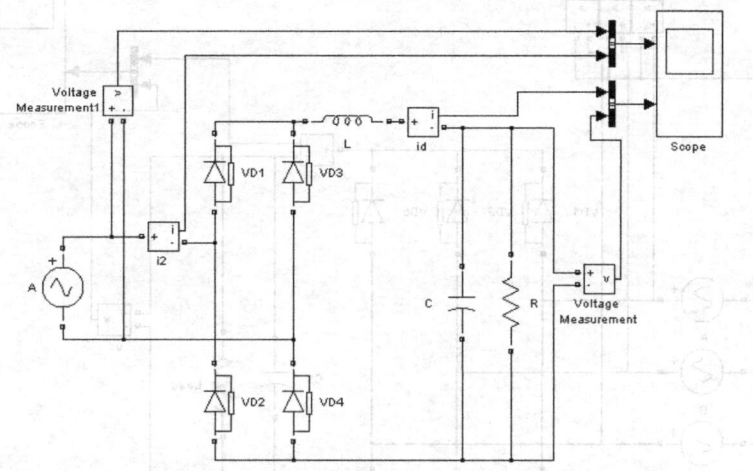

图 12-33 单相桥式二极管整流电路 LC 滤波电路仿真模型

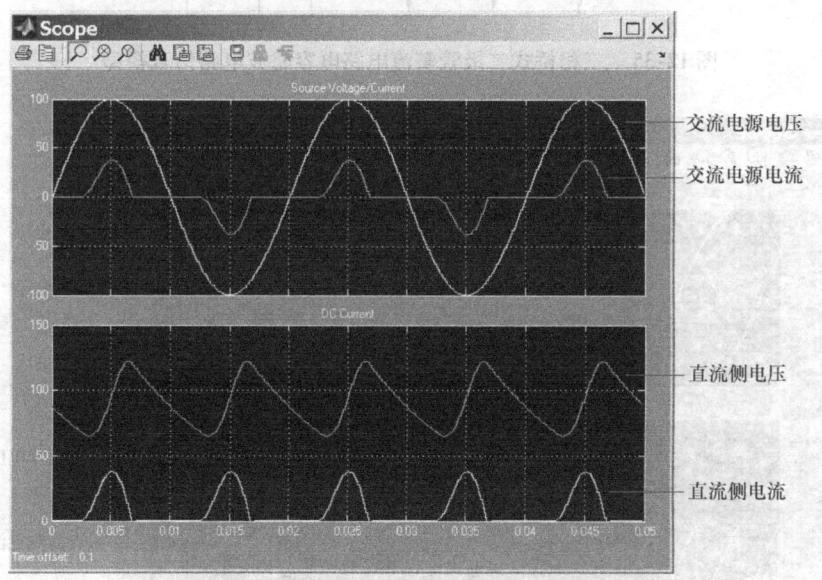

图 12-34 单相桥式二极管整流电路 LC 滤波电路仿真波形

16. 三相桥式二极管整流电路电容滤波

三相桥式二极管整流电路电容滤波电路仿真模型如图 12-35 所示。电路中元件参数为电源相电压峰值 50V，频率为 50Hz，初始相角为 0°，滤波电容为 2000μF，负载电阻为 5Ω。电路的仿真波形如图 12-36 所示。按照黄色、紫色、蓝色曲线颜色顺序两幅波形图中的波形依次为：A相/B相/C相交流电源电压、直流侧电流/直流侧电压。读者可以改变负载电阻的数值，观察直流电压及交流电流波形的变化。电路仿真中将仿真时间设为0.15s，最终显示波形为0.1~0.15s的电路波形，此时电路已接近稳态。

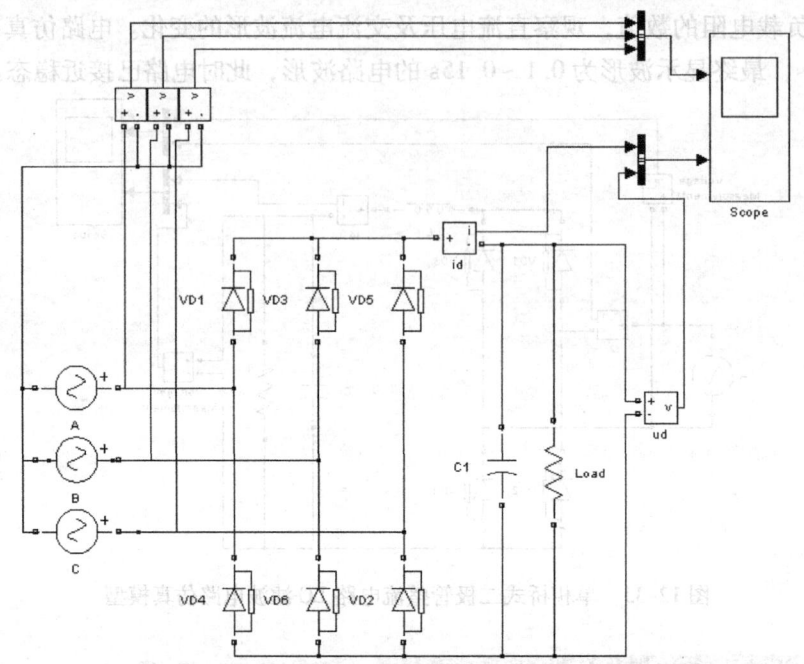

图 12-35　三相桥式二极管整流电路电容滤波电路仿真模型

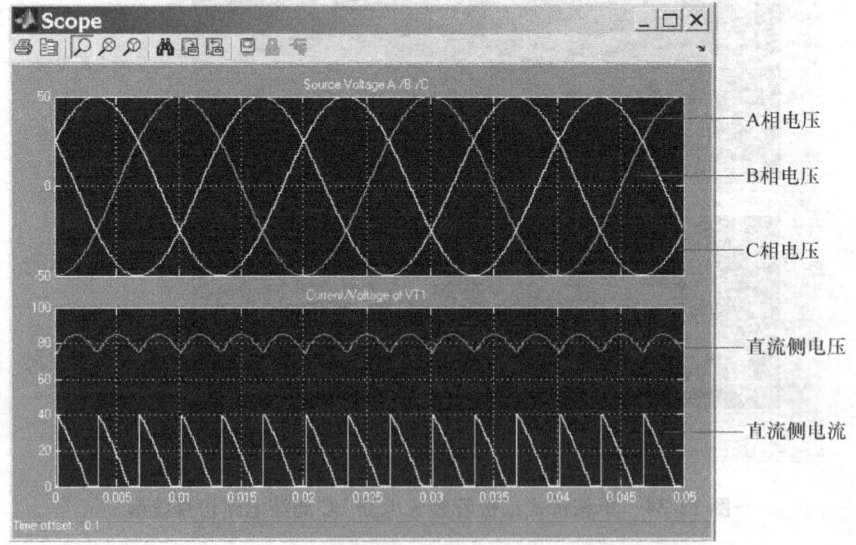

图 12-36　三相桥式二极管整流电路电容滤波电路仿真波形

17. 三相桥式二极管整流电路 LC 滤波

三相桥式二极管整流电路 LC 滤波电路仿真模型如图 12-37 所示。电路中元件参数为电源相电压峰值100V，频率为50Hz。滤波电感为1mH，滤波电容为1000μF，负载电阻为20Ω。电路的仿真波形如图12-38所示。两幅波形图中的波形依次为：交流电源电流、直流侧电压。读者可以改变负载电阻的数值，观察直流电压及交流电流波形的变化。电路仿真中将仿真时间设为0.15s，最终显示波形为0.1~0.15s的电路波形，此时电路已接近稳态。

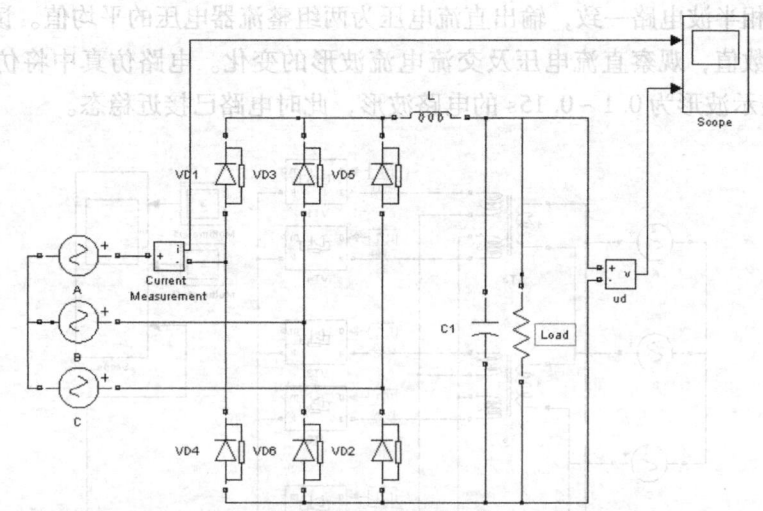

图12-37　三相桥式二极管整流电路LC滤波电路仿真模型

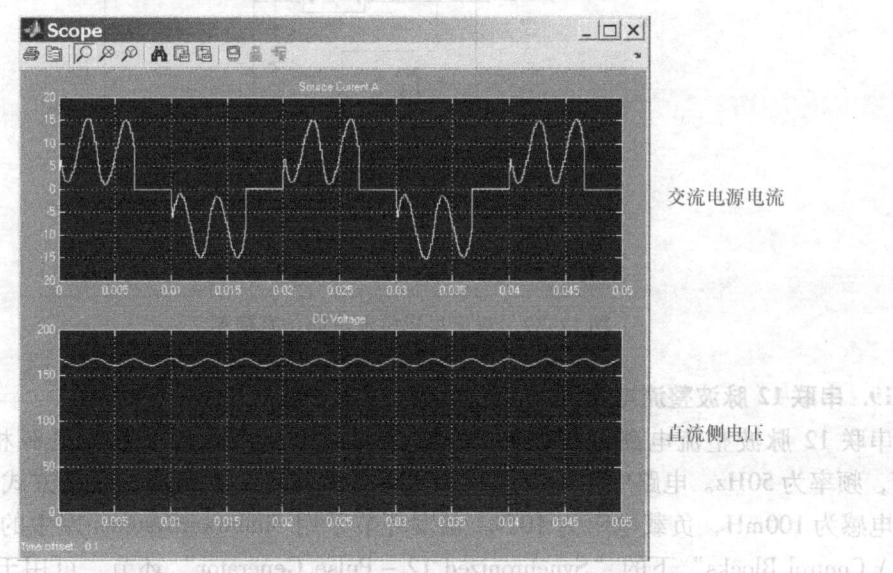

图12-38　三相桥式二极管整流电路LC滤波电路仿真波形

18. 双反星形可控整流电路

双反星形可控整流电路仿真模型如图12-39所示。电路中元件参数为电源相电压峰值150V，频率为50Hz，初始相角为30°。滤波电感为100mH，负载电阻为5Ω。变压器采用三只三绕组变压器构成，一次侧为三角形联结，二次侧为双反星形联结，变压器电压比为 1:1:1。平衡电抗器采用双绕组互感模型。当触发延迟角为 30°时电路的仿真波形如图 12-40 所示。按照黄色、紫色、蓝色曲线颜色顺序三幅波形图中的波形依次为：A 相/B 相 /C 相交流电源电压、二次侧 a 相电流/二次侧 a′相电流、直流侧电压 u_d/整流器 1 直流侧 电压 u_{d1}/整流器 2 直流侧电压 u_{d2}。可以看出，由于平衡电抗器的作用，两组整流器输出 电压波形与三相半波电路一致，输出直流电压为两组整流器电压的平均值。读者可以改变 触发延迟角的数值，观察直流电压及交流电流波形的变化。电路仿真中将仿真时间设为 0.15s，最终显示波形为 0.1~0.15s 的电路波形，此时电路已接近稳态。

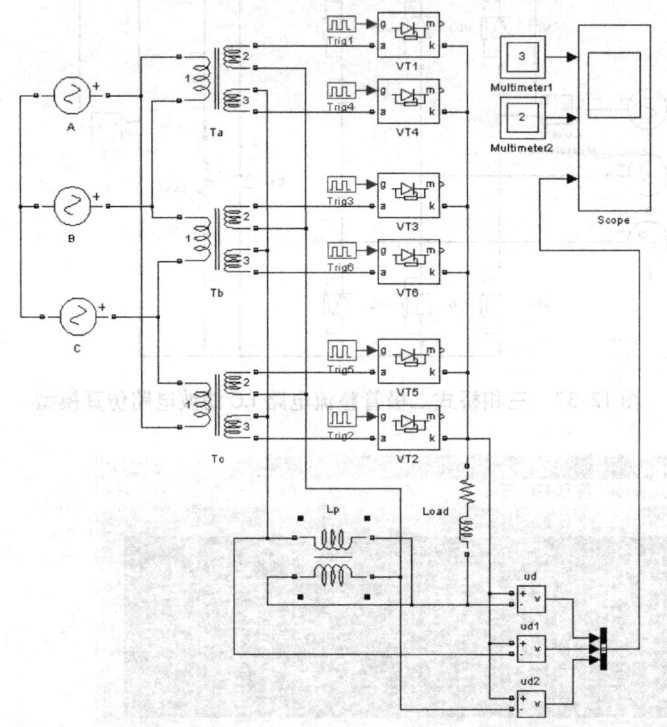

图 12-39　双反星形整流电路仿真模型

19. 串联 12 脉波整流电路

串联 12 脉波整流电路结构如图 12-41 所示。电路中元件参数为电源相电压峰值 100V，频率为 50Hz。电路中采用电压比为 1:1:1 的三绕组变压器，联结方式为 Y/Y/D。 滤波电感为 100mH，负载电阻为 10Ω。触发环节采用 SimPowerSystems 库中的 "Extra Library \ Control Blocks" 下的 "Synchronized 12 – Pulse Generator" 环节，可用于产生 12 脉 波整流电路所需的 12 路驱动信号，使用及参数设置方法与 6 脉波触发环节相同。

当 α=45°时电路的仿真波形如图 12-42 所示。四幅波形图中的波形依次为：直流电 压、交流电源 A 电流、变压器二次侧星形绕组 A 相绕组电流、变压器二次侧三角形绕组 A 相绕组电流。其中由于变压器电压比为 1:1:1，将二次侧星形绕组 A 相电流与二次侧三 角形绕组 A 相电流的 $\sqrt{3}$ 倍相加即为变压器一次电流波形（即电源电流）。读者可以改变触

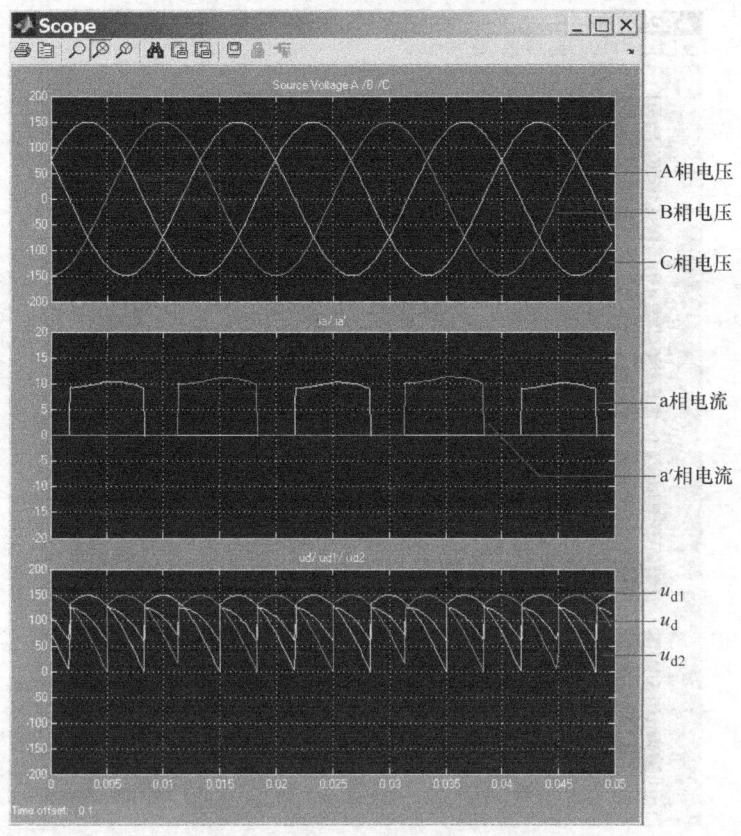

图 12-40 双反星形整流电路仿真波形

发延迟角的数值,观察直流电压及交流电流波形的变化。电路仿真中将仿真时间设为 0.15s,最终显示波形为 0.1~0.15s 的电路波形,此时电路已接近稳态。

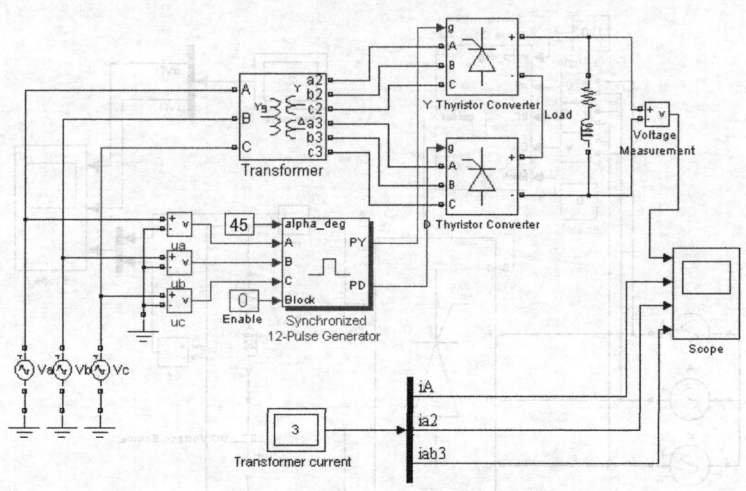

图 12-41 12 脉波整流电路仿真模型

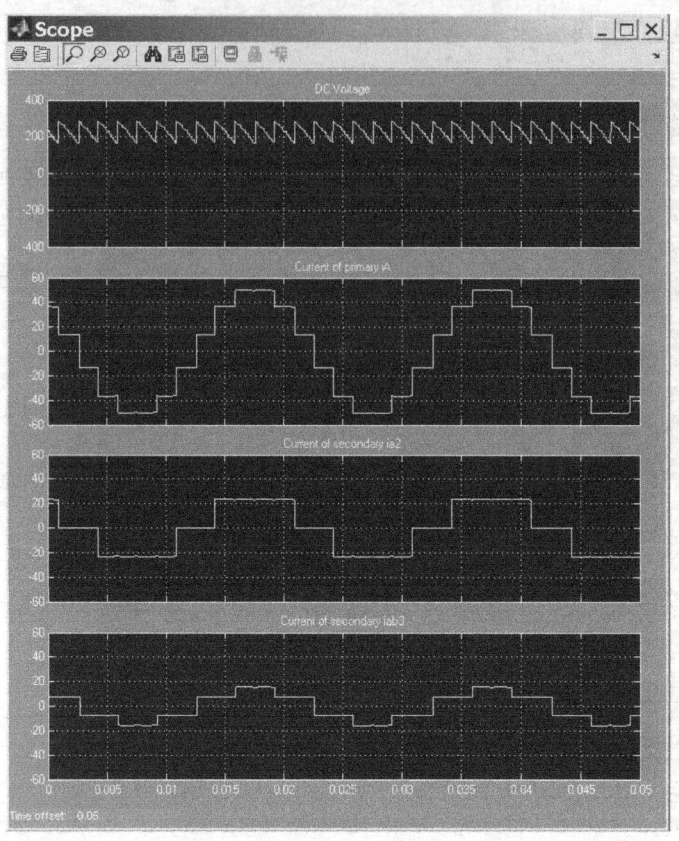

图 12-42 12 脉波整流电路仿真波形

20. 三相桥式全控整流电路逆变工作状态

三相桥式全控整流电路仿真模型如图 12-43 所示。电路中元件参数为电源相电压峰值

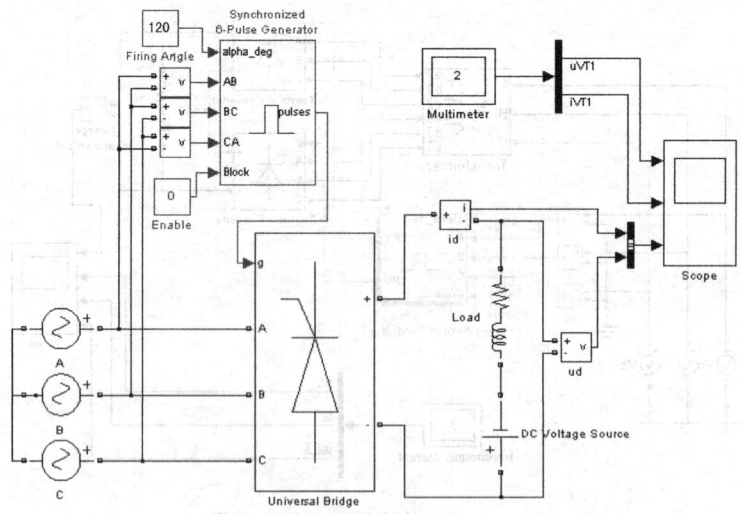

图 12-43 三相桥式全控整流电路逆变工作状态电路仿真模型

100V，频率为50Hz，直流侧电阻为2Ω，滤波电感为10mH，反电动势为200V。当晶闸管的触发延迟角 $\alpha = 120°$（即逆变角 $\beta = 60°$）时电路的仿真波形如图12-44所示。按照黄色、紫色曲线颜色顺序三幅波形图中的波形依次为：1号晶闸管电压、1号晶闸管电流、直流侧电流/直流侧电压。读者可以改变触发延迟角或反电动势等参数，观察直流电压及晶闸管电压波形的变化。

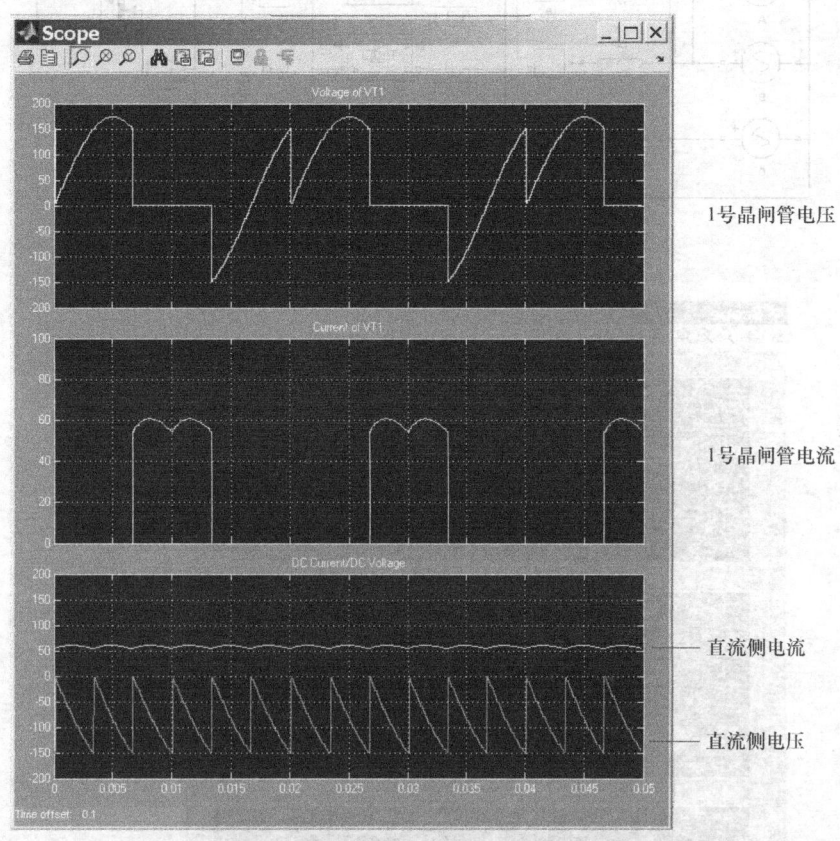

图12-44 三相桥式全控整流电路逆变工作状态仿真波形

21. 三相半波可控整流电路逆变失败

三相半波可控整流电路仿真模型如图12-45所示。电路中元件参数为电源相电压峰值100V，频率为50Hz，初始相角为30°，电源侧漏感为3mH，直流侧电阻为1Ω，滤波电感为30mH，反电动势为100V。当晶闸管的触发延迟角 $\alpha = 150°$ 时电路的仿真波形如图12-46所示。按照黄色、紫色、蓝色曲线颜色顺序三幅波形图中的波形依次为：A相/B相/C相交流电源电压、A相/B相/C相交流电源电流、直流侧电流/直流侧电压。可以看到在直流电感初始电流为0时，随着直流电流逐渐增加，电路的换相重叠角也随之加大，当换相裕量不足时，会发生换相失败现象。读者可以减小触发延迟角 α 至120°（即增大 β 角至60°），或降低反电动势至85V（减小直流侧电流以减小换相重叠角），观察直流电压及交流电流波形的变化以及是否出现逆变失败现象。

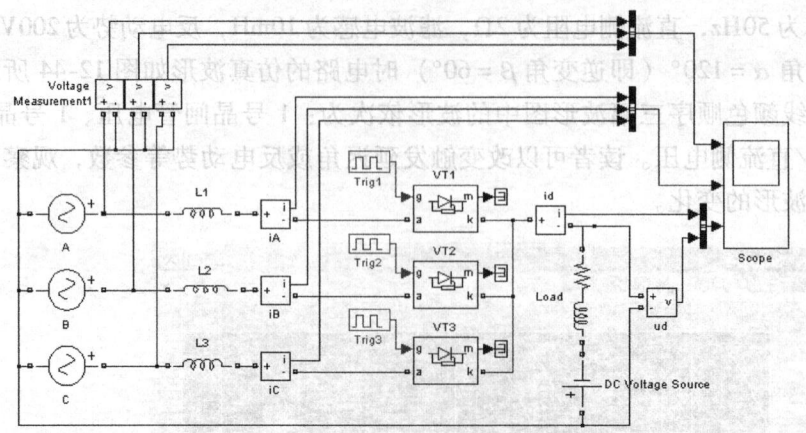

图 12-45　三相半波可控整流电路仿真模型

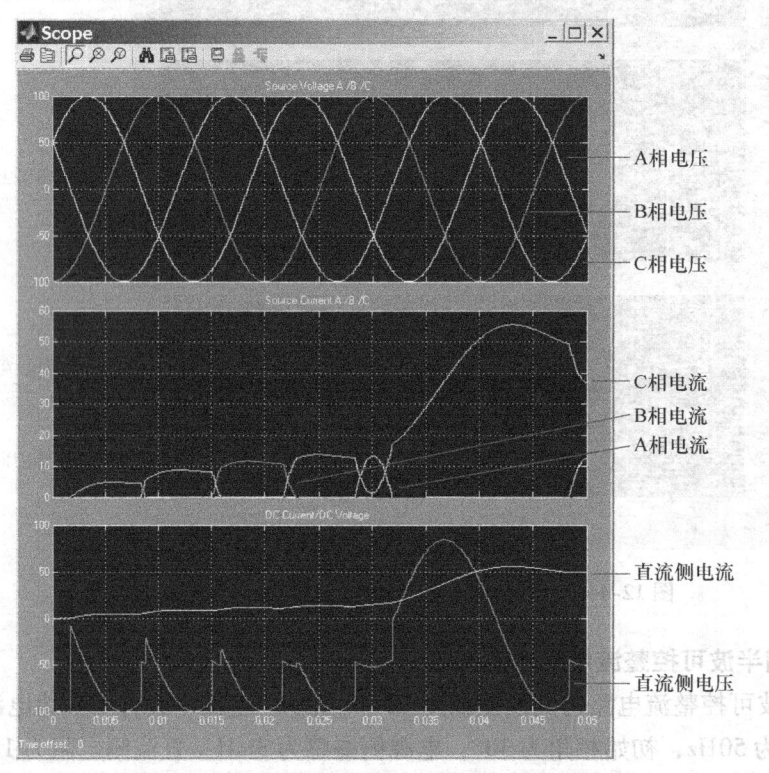

图 12-46　三相半波可控整流电路逆变失败仿真波形

第13章 逆变电路的计算机仿真

1. 电压型单相半桥逆变电路

电压型单相半桥逆变电路仿真模型如图13-1所示,两个直流电源电压均为100V,负载为电阻电感负载,电阻为1Ω,电感为0.01H。开关管采用MOSFET为模型,逆变器工作频率为50Hz,驱动信号由两个"Pulse Generator"环节产生,每个环节产生频率为50Hz,占空比为49.5%的驱动信号,两个驱动信号间留有0.5%(即100μs)的死区时间。此时电路的仿真波形如图13-2所示。按照黄色、紫色曲线颜色顺序三幅波形图中的波形依次为:负载电流、负载电压、开关管1的电流/电压。读者可以改变驱动信号的周期(同时需要改变驱动环节2的延时时间以保证两驱动信号相差180°)及负载电阻等参数观察电路波形发生的变化。电路仿真中将仿真时间设为0.15s,最终显示波形为0.1~0.15s的电路波形,此时电路已接近稳态。

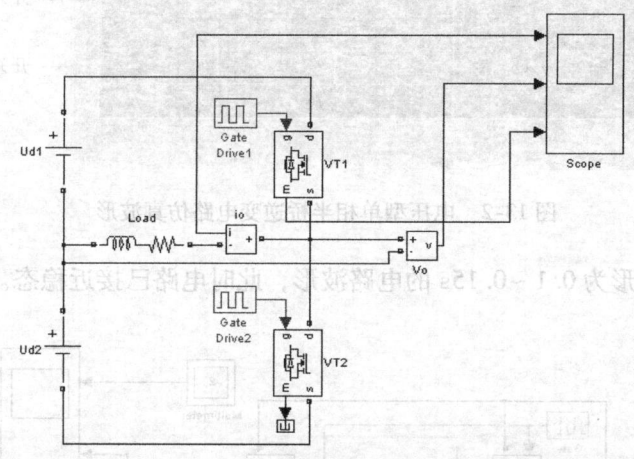

图13-1 电压型单相半桥逆变电路仿真模型

2. 电压型单相全桥逆变电路

电压型单相全桥逆变电路仿真模型如图13-3所示,直流电源电压为100V,与半桥逆变电路仿真模型相同,负载为电阻电感负载,电阻为1Ω,电感为0.01H,开关管采用MOSFET为模型,逆变器工作频率为50Hz。驱动信号仍然由两个"Pulse Generator"环节产生,开关管1、开关管4采用同一个驱动信号,开关管2、开关管3采用同一个驱动信号。每个环节产生频率为50Hz,占空比为49.5%的驱动信号,两个驱动信号间留有0.5%(即100μs)的死区时间。此时电路的仿真波形如图13-4所示。按照黄色、紫色曲线颜色顺序两幅波形图中的波形依次为:负载电压/负载电流、开关管3的电流/电压。读者可以改变驱动信号的周期(同时需要改变驱动环节2的延时时间以保证两驱动信号相差180°)及负载电阻等参数观察电路波形发生的变化。电路仿真中将仿真时间设为

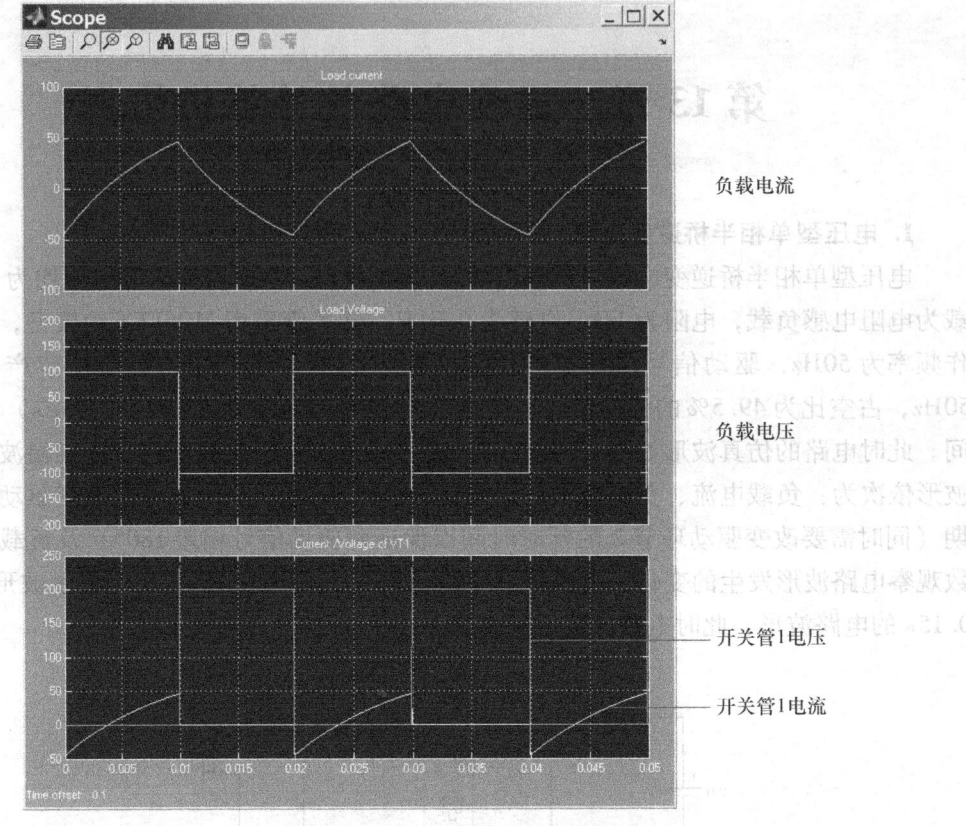

图 13-2　电压型单相半桥逆变电路仿真波形

0.15s，最终显示波形为 0.1～0.15s 的电路波形，此时电路已接近稳态。

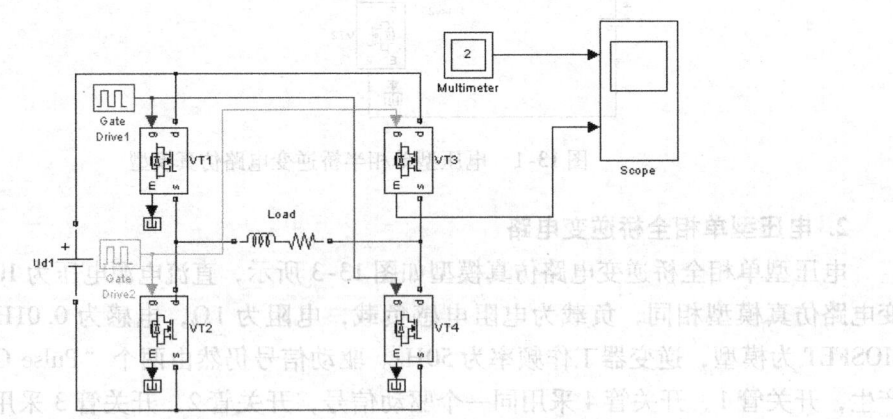

图 13-3　电压型单相全桥逆变电路仿真模型

3. 电压型单相全桥逆变电路移相控制

电压型单相全桥逆变电路移相控制仿真模型如图 13-5 所示，电路参数与上例相同，差别仅在于驱动信号由四个 "Pulse Generator" 环节产生，其中开关管 1、开关管 2 的驱

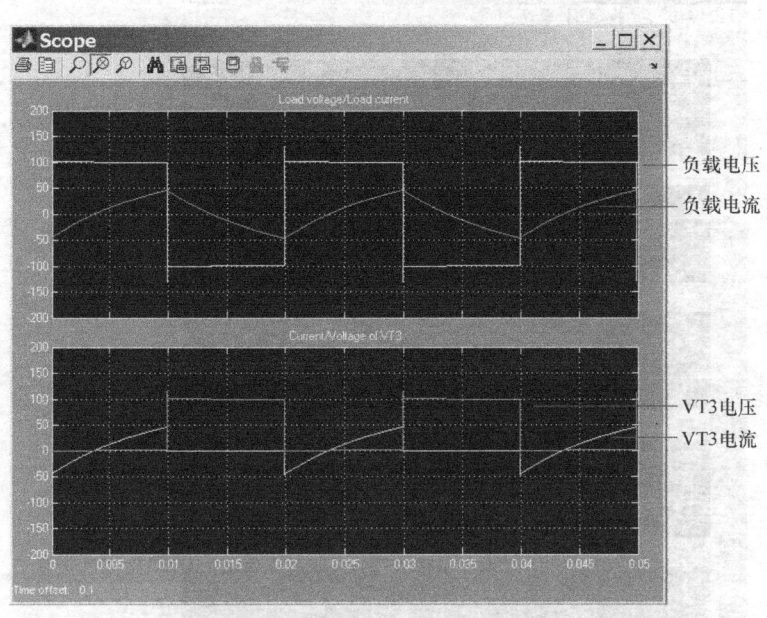

图 13-4 电压型单相全桥逆变电路仿真波形

动信号反相,开关管 3、开关管 4 的驱动信号反相。每个环节产生频率为 50Hz,占空比为 49.5% 的驱动信号。开关管 1 和开关管 4 的驱动信号之间存在 2ms 的时间差（对于 50Hz 来说即为 36°的相差),此时电路的仿真波形如图 13-6 所示。按照黄色、紫色曲线颜色顺序各波形图中的波形依次为:负载电压/负载电流,开关管 1 ~ 4 的驱动信号。读者可以改变开关管 3、4 驱动信号的延时参数（需要保证开关管 3、4 的驱动信号反相)观察电路波形发生的变化。电路仿真中将仿真时间设为 0.15s,最终显示波形为 0.1 ~ 0.15s 的电路波形,此时电路已接近稳态。

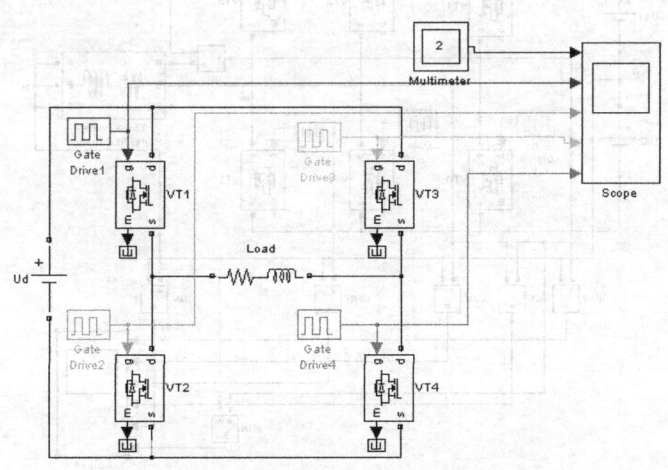

图 13-5 电压型单相全桥逆变电路移相控制仿真模型

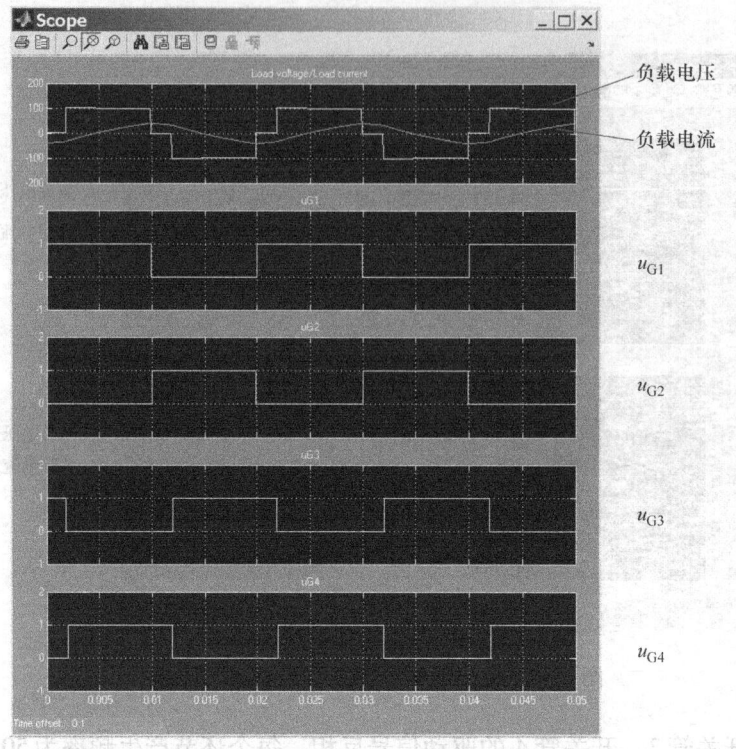

图 13-6 电压型单相全桥逆变电路移相控制仿真波形

4. 电压型三相全桥逆变电路

电压型三相全桥逆变电路仿真模型如图 13-7 所示,两个直流电源电压均为 100V,负

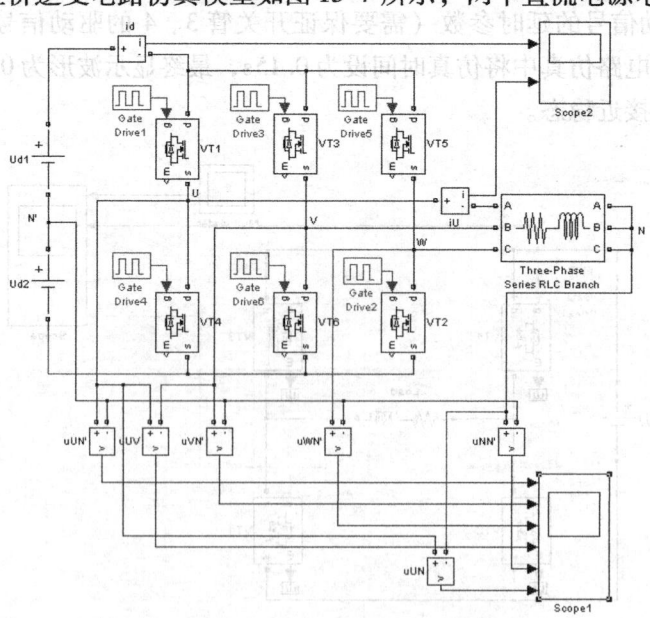

图 13-7 电压型三相全桥逆变电路仿真模型

载为三相电阻电感负载，电阻为10Ω，电感为0.02H。电路中的开关管分别采用六个"Pulse Generator"环节产生驱动信号，工作频率为50Hz，驱动信号的产生顺序按驱动环节的编号依次相差3.33ms（对应50Hz即为60°）。电路中"Scope1"环节的输出波形如图13-8所示，6幅波形图中的波形依次为：输出电压$u_{UN'}$、$u_{VN'}$、$u_{WN'}$，输出线电压u_{UV}，负载中点与电源中点间电压$u_{NN'}$，以及输出相电压u_{UN}。双击"Scope2"环节可以打开该示波器的显示窗口如图13-9所示，分别为电路直流侧及交流侧U相电流波形。电路仿真中将仿真时间设为0.15s，最终显示波形为0.1~0.15s的电路波形，此时电路已接近稳态。

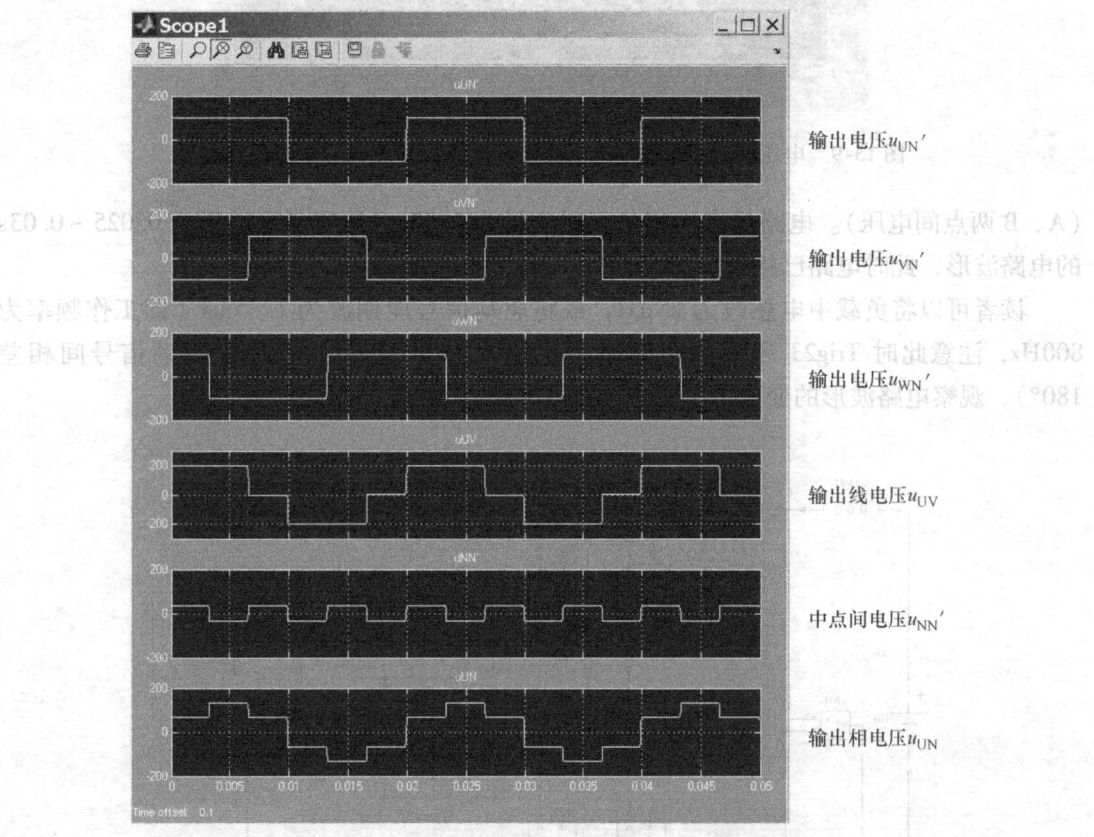

图13-8 电压型三相全桥逆变电路输出电压仿真波形

5. 电流型单相并联谐振式逆变电路

采用晶闸管构成的电流型单相并联谐振式逆变电路仿真模型如图13-10所示，直流电源电压为50V，负载为电阻电感与电容并联，电阻为0.1Ω，电感为50μH，电容为800μF。直流侧滤波电感为2mH。电路中的开关管分别采用两个"Pulse Generator"环节产生驱动信号，工作频率为1000Hz，VT1、VT4公用一组驱动信号，VT2和VT3公用一组驱动信号，两组驱动信号相差0.5ms（对应1000Hz即为180°）。电路的输出波形如图13-11所示，按照黄色、紫色曲线颜色顺序，四幅波形图中的波形依次为：1、4管驱动信号/2、3管驱动信号，1管电流/1管电压，负载电流/负载电压，逆变器侧直流母线电压

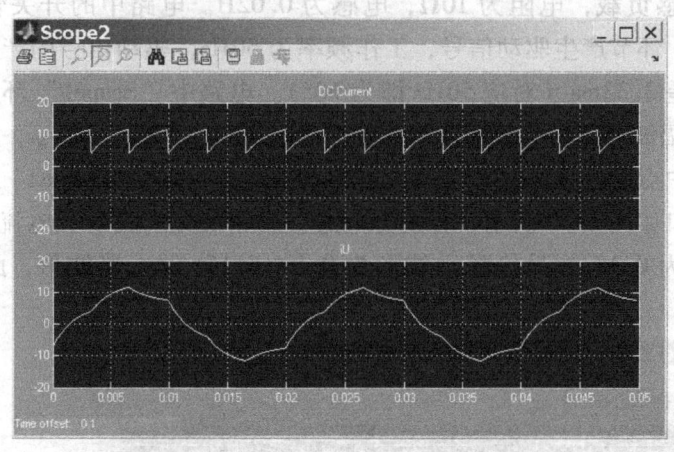

图 13-9　电压型三相全桥逆变电路直流电流及 U 相输出电流仿真波形

（A、B 两点间电压）。电路仿真中将仿真时间设为 0.03s，最终显示波形为 0.025～0.03s 的电路波形，此时电路已接近稳态。

读者可以将负载中电感改为 25μH，或将驱动信号周期改为 1.25ms（即工作频率为 800Hz，注意此时 Trig23 环节的延时时间也应改为 0.625ms，以保证驱动信号间相差 180°），观察电路波形的变化。

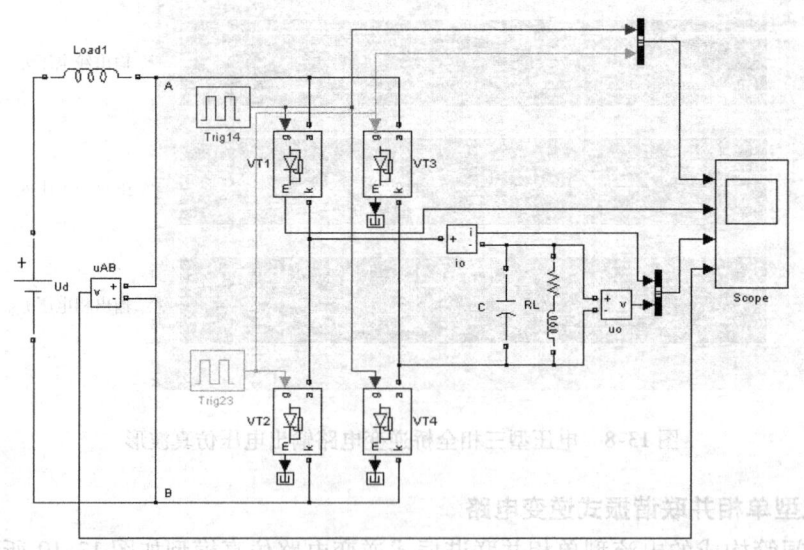

图 13-10　电流型单相并联谐振式逆变电路仿真模型

6. 电流型三相逆变电路

采用全控型电力电子器件构成的电流型三相逆变电路仿真模型如图 13-12 所示，直流电源电压为 200V，负载为三相电阻电感与电容并联，电阻为 8Ω，电感为 5mH，电容为 100μF。直流侧滤波电感为 20mH。电路中的开关管分别采用六个"Pulse Generator"环节电压依次为:U 相电流,V 相电流,W 相电流,UV 间电线电压。电路仿真中标出的时间段为 0.2s,恰发生显示最少的波形图(图 13-1)。

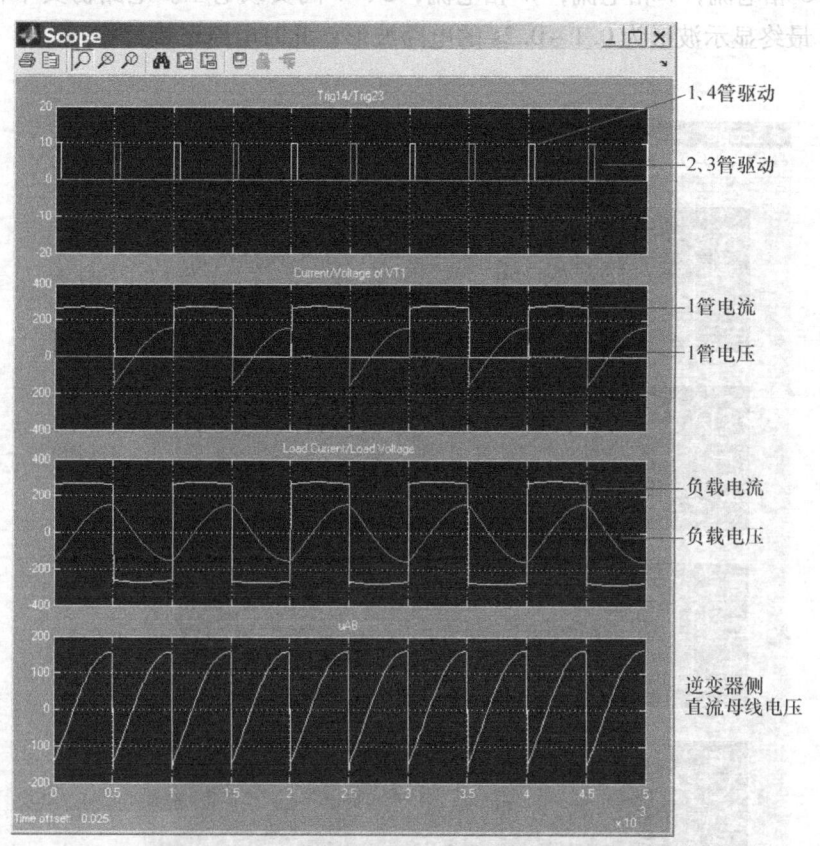

图 13-11　电流型单相并联谐振式逆变电路仿真波形

产生驱动信号,工作频率为 50Hz,驱动信号的产生顺序按驱动环节的编号依次相差 3.33ms(对应 50Hz 即为 60°)。电路的输出仿真波形如图 13-13 所示,四幅波形图中的波

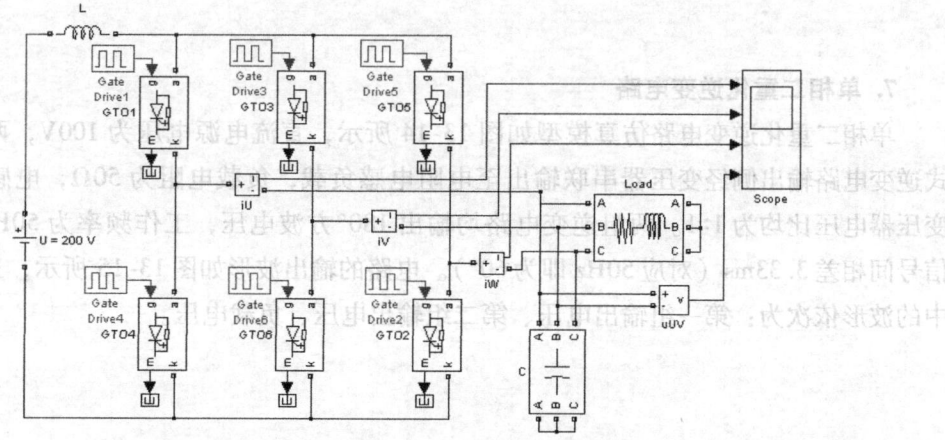

图 13-12　电流型三相逆变电路仿真模型

形依次为：U 相电流，V 相电流，W 相电流，U、V 间负载电压。电路仿真中将仿真时间设为 0.2s，最终显示波形为 0.1~0.2s 的电路波形，此时电路已接近稳态。

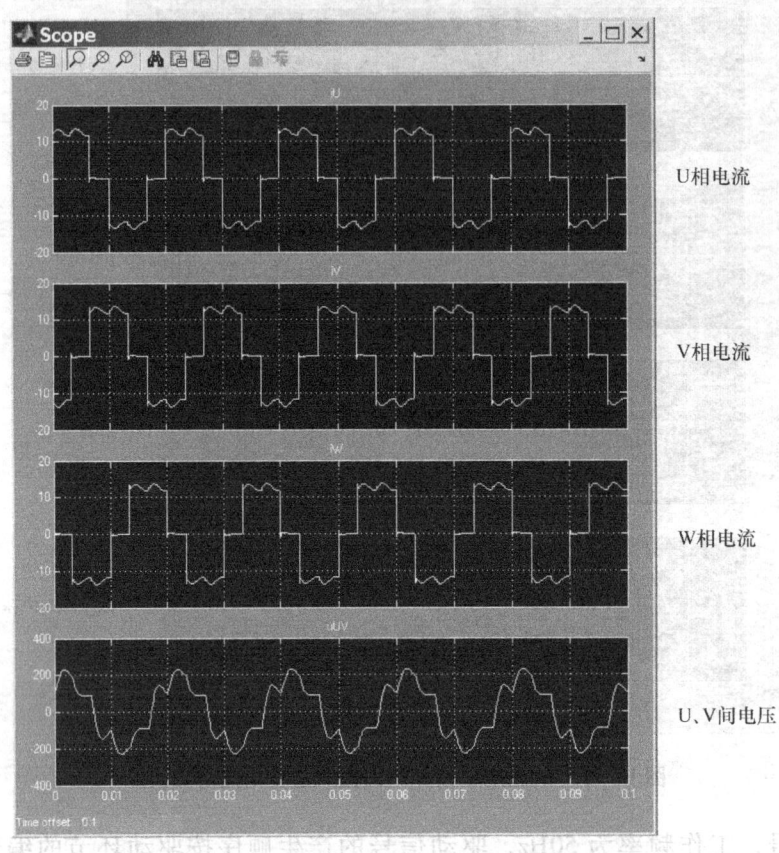

图 13-13　电流型三相逆变电路输出仿真波形

7. 单相二重化逆变电路

单相二重化逆变电路仿真模型如图 13-14 所示，直流电源电压为 100V，两组单相桥式逆变电路输出侧经变压器串联输出至电阻电感负载，负载电阻为 50Ω，电感为 10mH，变压器电压比均为 1∶1。两组逆变电路均输出 180°方波电压，工作频率为 50Hz，但驱动信号间相差 3.33ms（对应 50Hz 即为 60°）。电路的输出波形如图 13-15 所示，三幅波形图中的波形依次为：第一组输出电压、第二组输出电压、负载电压。

第13章 逆变电路的计算机仿真

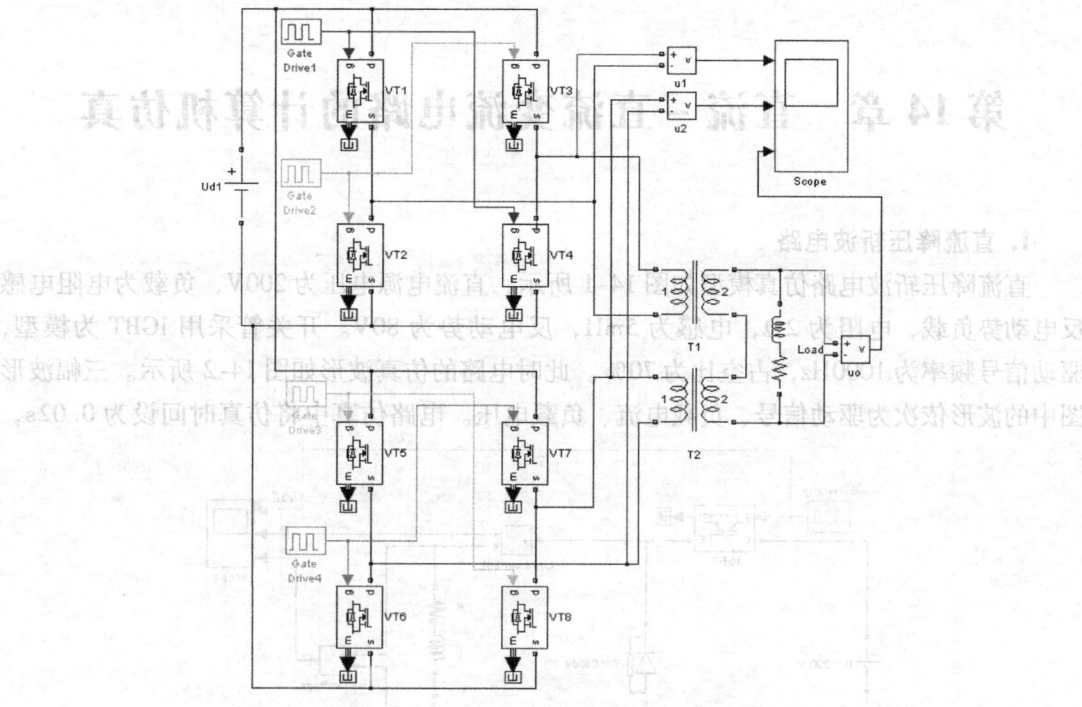

图 13-14 单相二重化逆变电路仿真模型

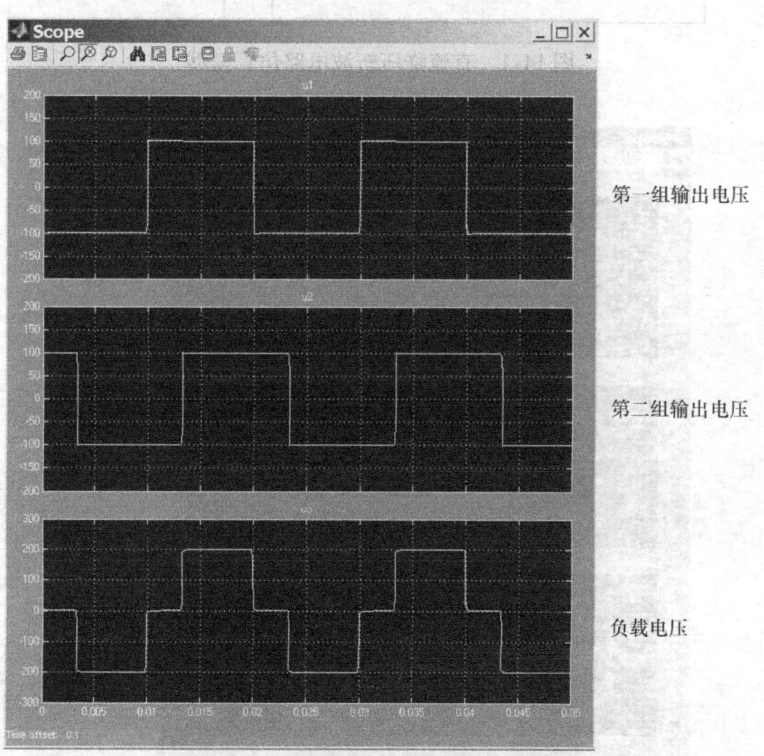

第一组输出电压

第二组输出电压

负载电压

图 13-15 单相二重化逆变电路仿真波形

第14章 直流-直流变流电路的计算机仿真

1. 直流降压斩波电路

直流降压斩波电路仿真模型如图14-1所示，直流电源电压为200V，负载为电阻电感反电动势负载，电阻为2Ω，电感为5mH，反电动势为80V。开关管采用IGBT为模型，驱动信号频率为1000Hz，占空比为70%。此时电路的仿真波形如图14-2所示。三幅波形图中的波形依次为驱动信号、负载电流、负载电压。电路仿真中将仿真时间设为0.02s，

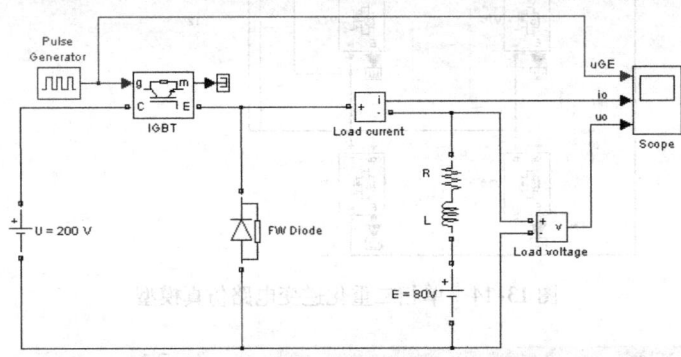

图14-1 直流降压斩波电路仿真模型

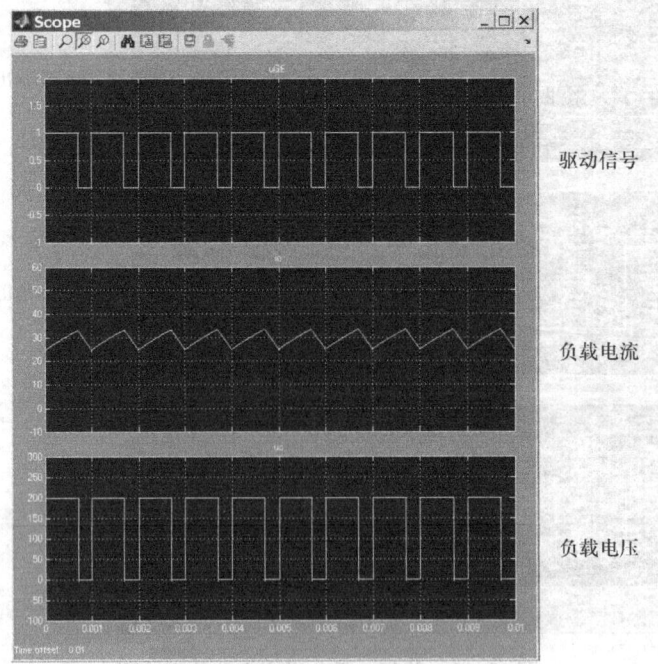

图14-2 直流降压斩波电路仿真波形

最终显示波形为 0.01~0.02s 的电路波形，此时电路已接近稳态。读者可以改变驱动信号的占空比观察电路波形发生的变化，同时可以将负载反电动势改为 160V，观察电流断续时电路的工作波形。

2. 直流升压斩波电路

直流升压斩波电路仿真模型如图 14-3 所示，直流电源电压为 100V，负载为带有电容滤波的电阻负载，电阻为 25Ω，滤波电容为 100μF。开关管采用 IGBT 为模型，驱动信号由 "Pulse Generator" 环节产生，驱动信号频率为 1000Hz，占空比为 70%。此时电路的仿真波形如图 14-4 所示。三幅波形图中的波形依次为驱动信号、负载电流、负载电压。电路仿真中，将仿真时间设为 0.03s，最终显示波形为 0.02~0.03s 的电路波形，此时电路已接近稳态。读者可以改变驱动信号的占空比观察电路波形发生的变化。

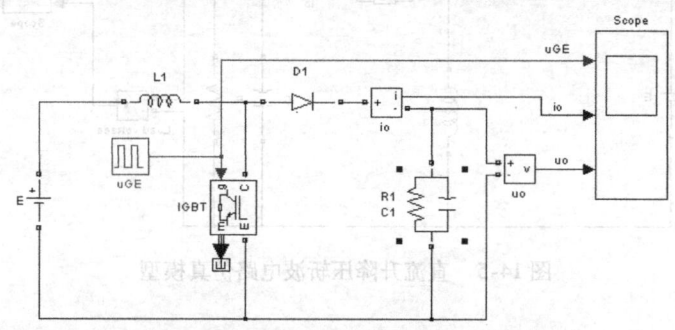

图 14-3 直流升压斩波电路仿真模型

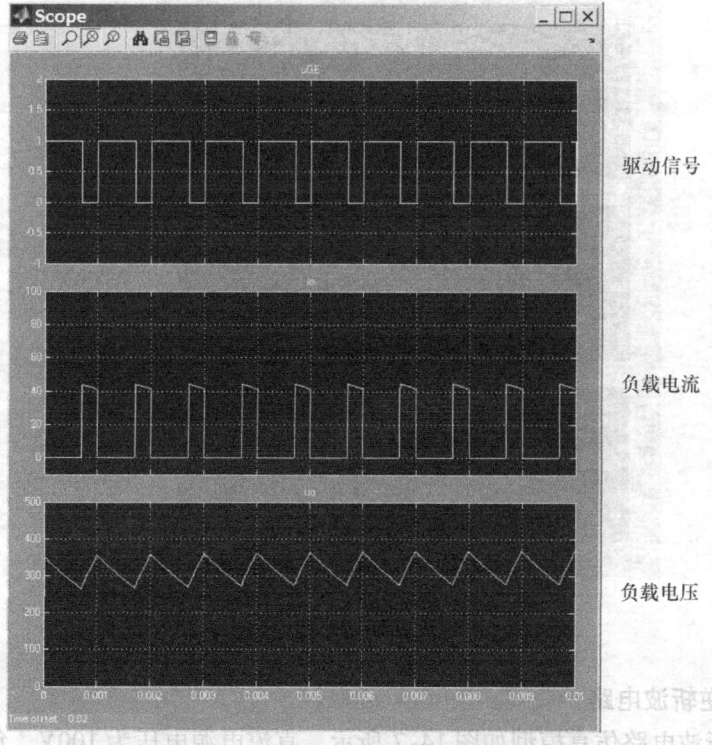

图 14-4 直流升压斩波电路仿真波形

3. 直流升降压斩波电路

直流升降压斩波电路仿真模型如图 14-5 所示,直流电源电压为 100V,负载为带有电容滤波的电阻负载,电阻为 2Ω,滤波电容为 1000μF。开关管采用 IGBT 为模型,驱动信号由"Pulse Generator"环节产生,驱动信号频率为 1000Hz,占空比为 50%。此时电路的仿真波形如图 14-6 所示。三幅波形图中的波形依次为驱动信号、负载电流、负载电压。电路仿真中,将仿真时间设为 0.04s,最终显示波形为 0.03～0.04s 的电路波形,此时电路已接近稳态。读者可以改变驱动信号的占空比观察电路波形发生的变化。

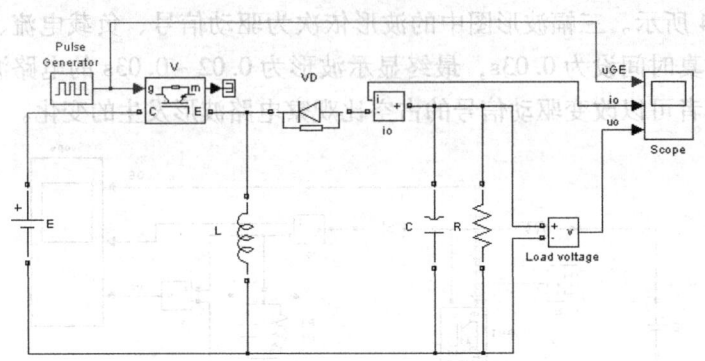

图 14-5 直流升降压斩波电路仿真模型

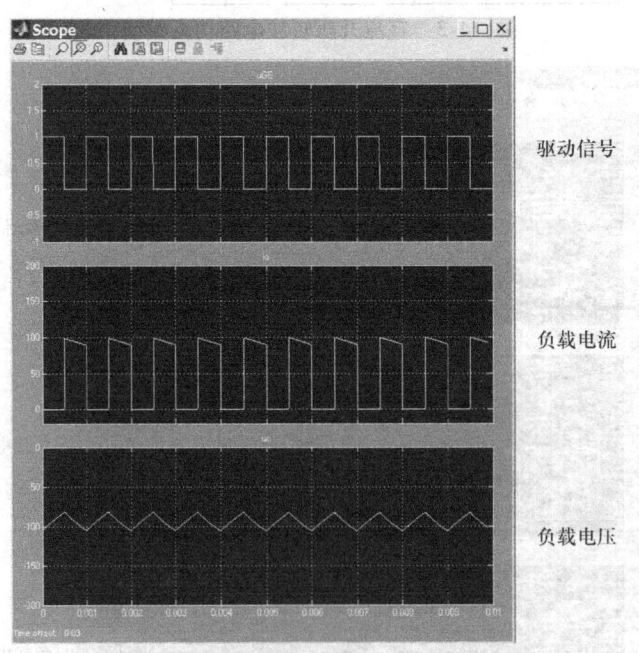

图 14-6 直流升降压斩波电路仿真波形

4. 电流可逆斩波电路

电流可逆斩波电路仿真模型如图 14-7 所示,直流电源电压为 100V,负载为电阻电感反电动势负载,电阻为 1Ω,电感为 1mH,反电动势为 50V。开关管采用 MOSFET 模型,

VT1 驱动信号由"Pulse Generator"环节产生，驱动信号频率为 1000Hz，占空比为 70%。为保证 VT2 驱动信号与 VT1 反相，采用 Simulink 基本库中"User – Defined Functions"下的自定义函数环节"Fcn"将 VT1 驱动信号反相。此时电路的仿真波形如图 14-8 所示。两幅波形图中的波形依次为负载电流、负载电压。电路仿真中，将仿真时间设为 0.03s，最终显示波形为 0.02～0.03s 的电路波形，此时电路已接近稳态。读者可以改变驱动信号的占空比（如30%）或改变负载中反电动势的数值（如100V），观察负载电流波形发生的变化。

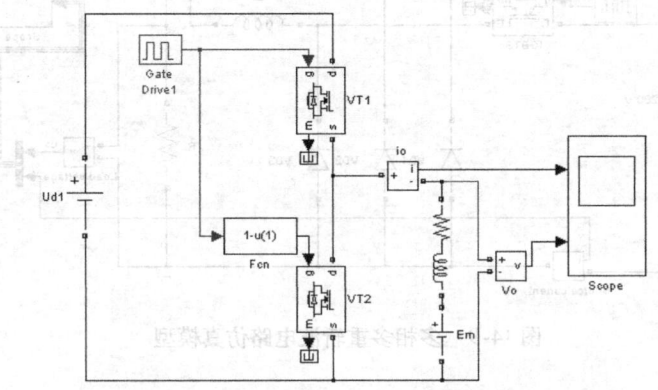

图 14-7 电流可逆斩波电路仿真模型

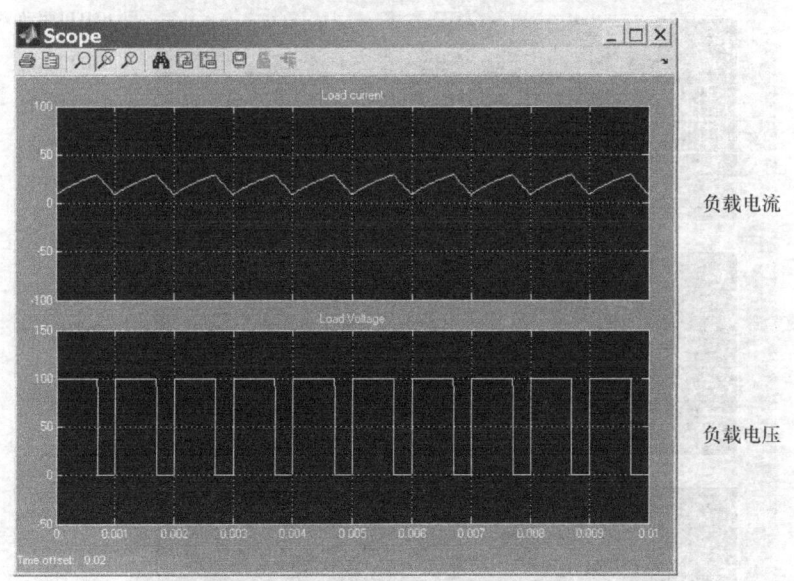

图 14-8 电流可逆斩波电路仿真波形

5. 多相多重斩波电路

由三个降压斩波电路构成的多相多重斩波电路仿真模型如图 14-9 所示，直流电源电压为 200V，负载为电阻负载，电阻为 2Ω，滤波电感为 5mH。开关管采用 IGBT 为模型，驱动信号由三个"Pulse Generator"环节产生，每个环节产生频率为 1kHz、占空比为 20%

的驱动信号，三个驱动信号依次相差 0.33ms（对应 1kHz 即为 120°），此时电路的仿真波形如图 14-10 所示。按照黄色、紫色、蓝色曲线颜色顺序三幅波形图中的波形依次为：

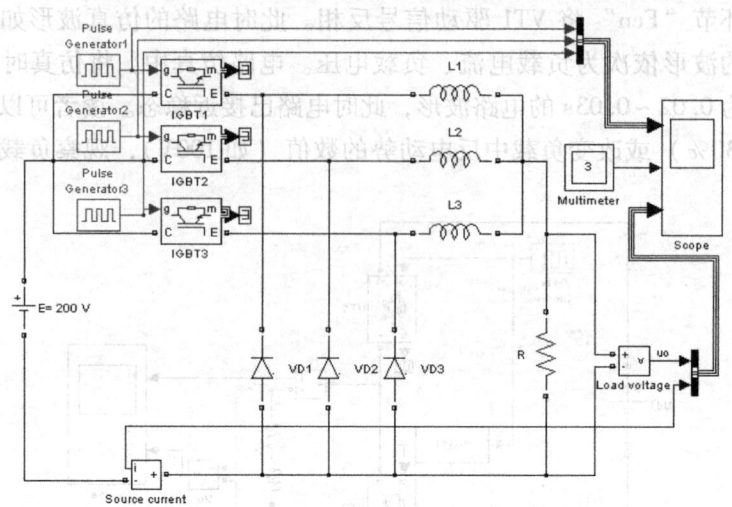

图 14-9 多相多重斩波电路仿真模型

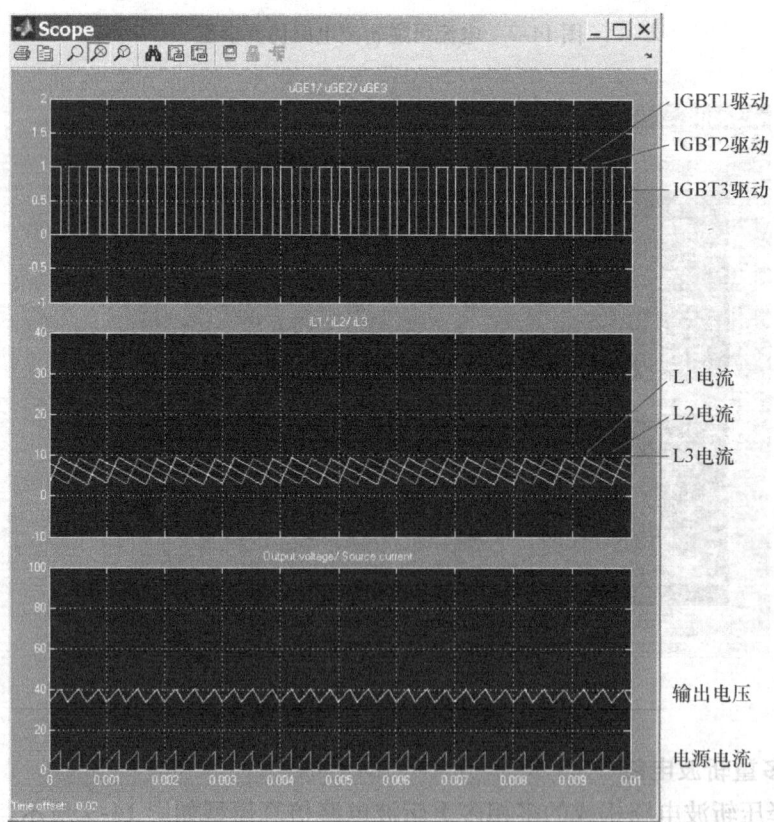

图 14-10 多相多重斩波电路仿真波形

IGBT1/IGBT2/IGBT3 驱动信号、电感 L1/L2/L3 电流、负载电压/电源电流。电路仿真中，将仿真时间设为 0.03s，最终显示波形为 0.02~0.03s 的电路波形，此时电路已接近稳态。读者可以改变驱动信号的占空比为 33%、50% 等数值观察电路波形发生的变化。

6. 正激电路

正激电路结构如图 14-11 所示，直流电源电压为 100V，输出为带电感、电容滤波的电阻性负载，输出滤波电感为 1mH，滤波电容为 40μF，电阻为 4Ω。开关管采用 MOSFET，驱动信号由 "Pulse Generator" 环节产生，频率为 20kHz，占空比为 40%。变压器含有三个绕组，分别为一次、二次和复位绕组，电压比为 1∶1∶1，在变压器环节中设置观测其励磁电流以便观察磁心复位情况。此时电路的仿真波形如图 14-12 所示。电路仿真中将仿真时间设为 3ms，最终显示波形为 2.5~3ms 的电路波形，此时电路已接近稳态。按照黄色、紫色曲线颜色顺序三幅波形图中的波形依次为：开关管电流/开关管电压、电感电流/变压器励磁电流、输出电压。读者可以改变驱动信号的占空比分别为 50% 及 51% 观察变压器励磁电流及开关管电压波形的变化。

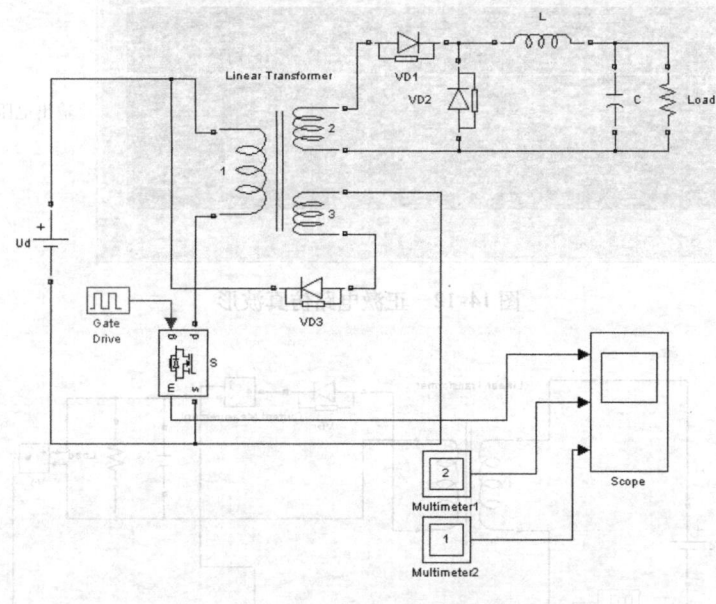

图 14-11　正激电路仿真模型

7. 反激电路

反激电路仿真模型如图 14-13 所示，直流电源电压为 100V，输出为电阻性负载，输出滤波电容为 10μF，电阻为 100Ω。开关管采用 MOSFET 模型，驱动信号由 "Pulse Generator" 环节产生，频率为 20kHz，占空比为 30%。变压器电压比为 1∶1。此时电路的仿真波形如图 14-14 所示。电路仿真中将仿真时间设为 1ms，最终显示波形为 0.5~1ms 的电路波形，此时电路已接近稳态。四幅波形图中的波形依次为：开关管电流、二极管电流、开关管电压、输出电压。波形中在开关管开通及关断时刻出现电流、电压尖峰及振荡是由于变压器及开关器件模型中的吸收元件等引起，在实际电路波形中也是存在的。

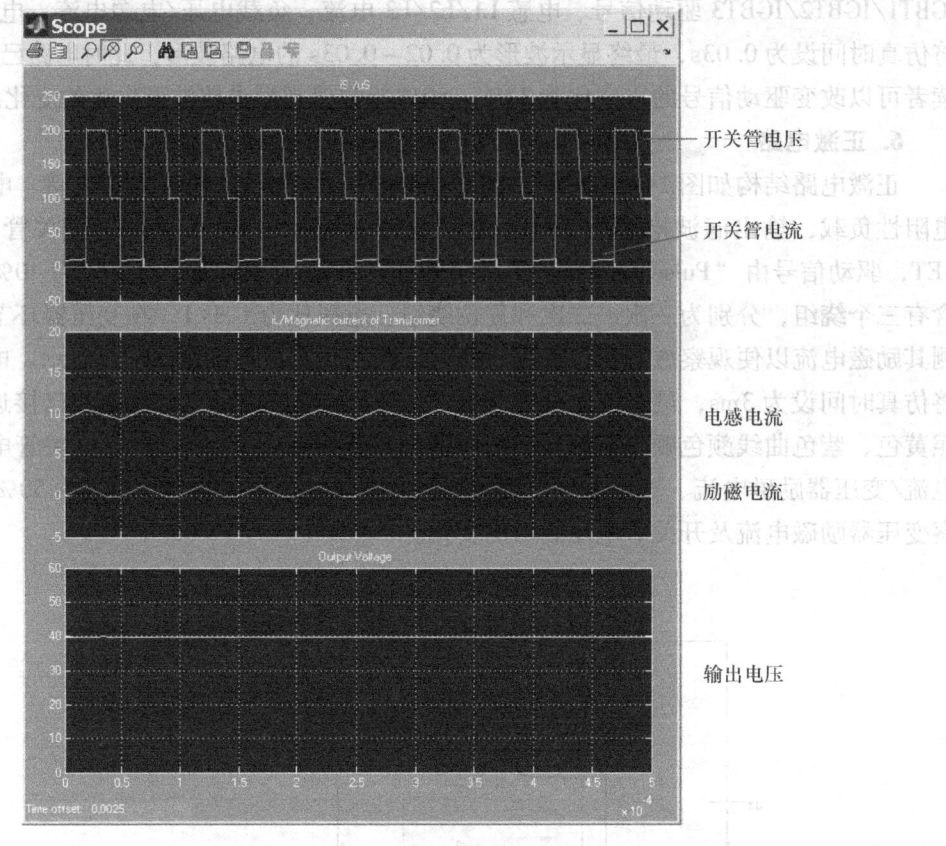

开关管电压

开关管电流

电感电流

励磁电流

输出电压

图 14-12 正激电路仿真波形

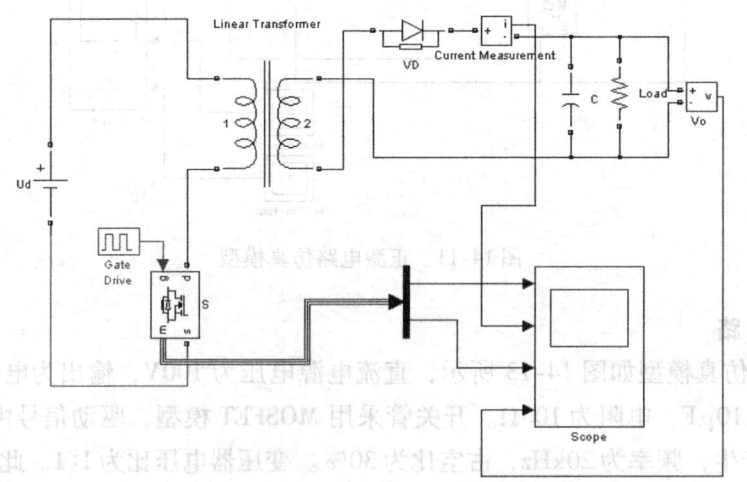

图 14-13 反激电路仿真模型

8. 半桥电路

半桥型 DC – DC 电路仿真模型如图 14-15 所示，两个直流电源电压均为 100V，负载为电阻负载，电阻为2Ω，输出滤波电感为0.1mH，滤波电容为20μF。变压器电压比为1/0.5:0.5。开关管采用MOSFET进行仿真，载波频率为20kHz，两个开关管采用方波且频率为20kHz，相位相差180°。反激电路的仿真结果如图14-15所示，黄色、蓝色曲线分别为变压器一、二次电流，品红色曲线为开关管电压，红色曲线为输出电压。从图中可以看出，电路工作在连续电流模式下，此时电路已接近稳态。

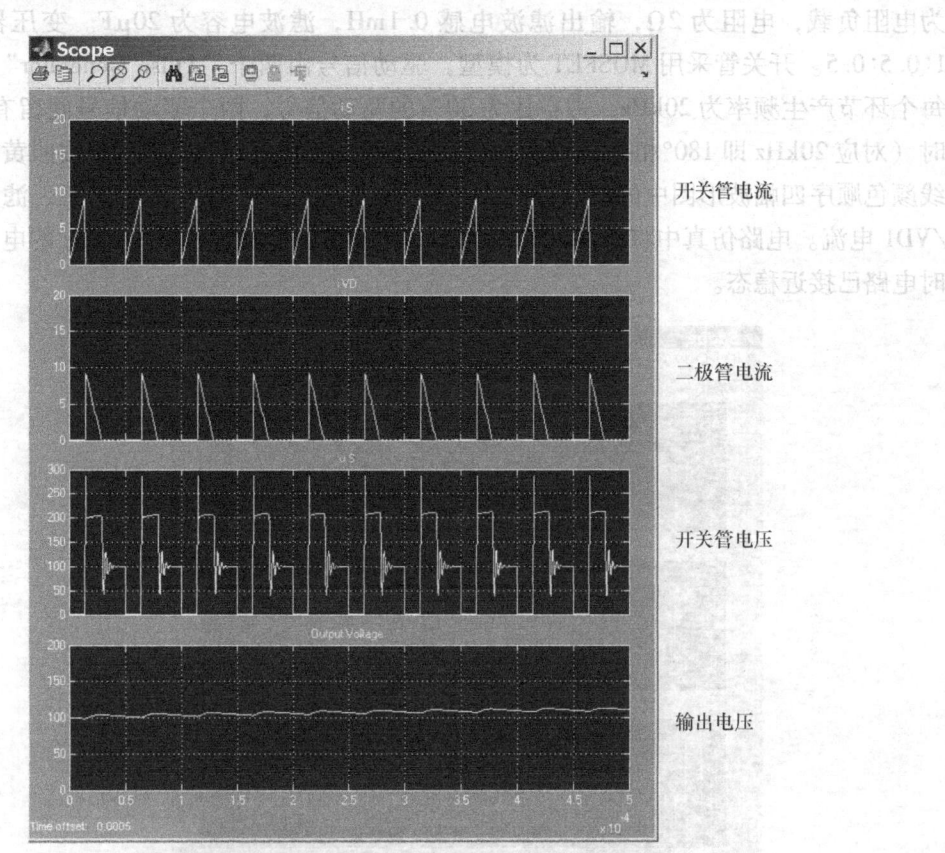

图 14-14 反激电路仿真波形

3. 全桥电路

全桥型DC-DC电路的仿真模型如图14-17所示，直流电压为200V，负载为电阻，电阻为30Ω，输出滤波电感为1mH，滤波电容为10μF，变压器电压比为1:0.5。开关管采用MOSFET进行仿真，驱动信号由两个周期为50μs的generator产生，两个开关管载波频率为20kHz，占空比为30%，仿真运行时间为仿真启动后300μs后到325μs的区间（对应20kHz的150个周期）。仿真电路的仿真结果如图14-18所示，其中黄色曲线为变压器一次电流，红色曲线中仅包括开关管S1的电流信号，SI和S4频率信号一致，S1电压信号、蓝色电压电流为VD1电流。电路仿真中的仿真时间为1ms，显示显示区间为0.9～1ms的电路电器稳态。

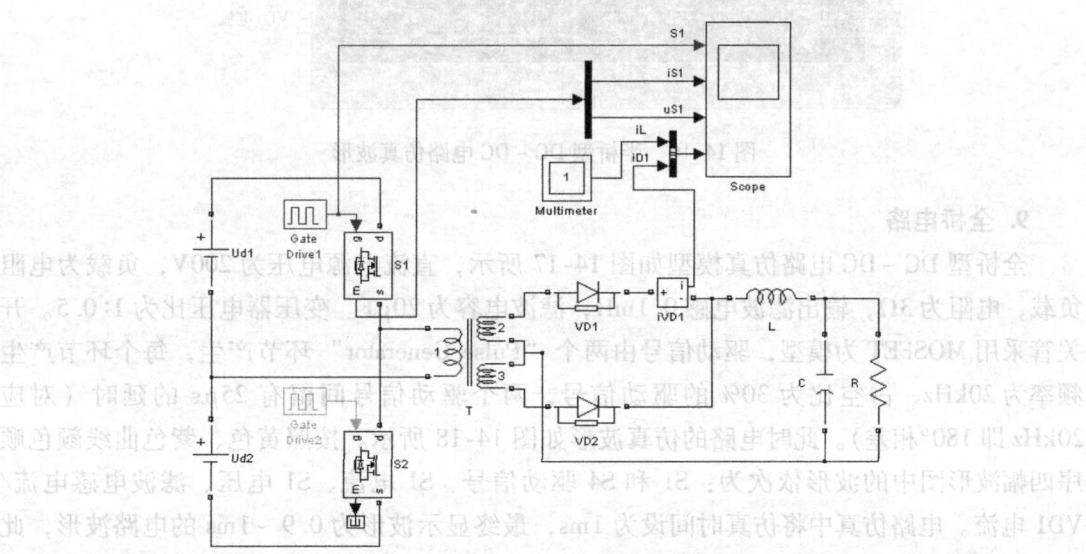

图 14-15 半桥型 DC-DC 电路仿真模型

为电阻负载，电阻为 2Ω，输出滤波电感 0.1mH，滤波电容为 20μF。变压器电压比为 1∶0.5∶0.5。开关管采用 MOSFET 为模型，驱动信号由两个"Pulse Generator"环节产生，每个环节产生频率为 20kHz，占空比为 30% 的驱动信号，两个驱动信号间留有 25μs 的延时（对应 20kHz 即 180°相差）。此时电路的仿真波形如图 14-16 所示。按照黄色、紫色曲线颜色顺序四幅波形图中的波形依次为：S1 驱动信号、S1 电流、S1 电压、滤波电感电流/VD1 电流。电路仿真中将仿真时间设为 1ms，最终显示波形为 0.5~1ms 的电路波形，此时电路已接近稳态。

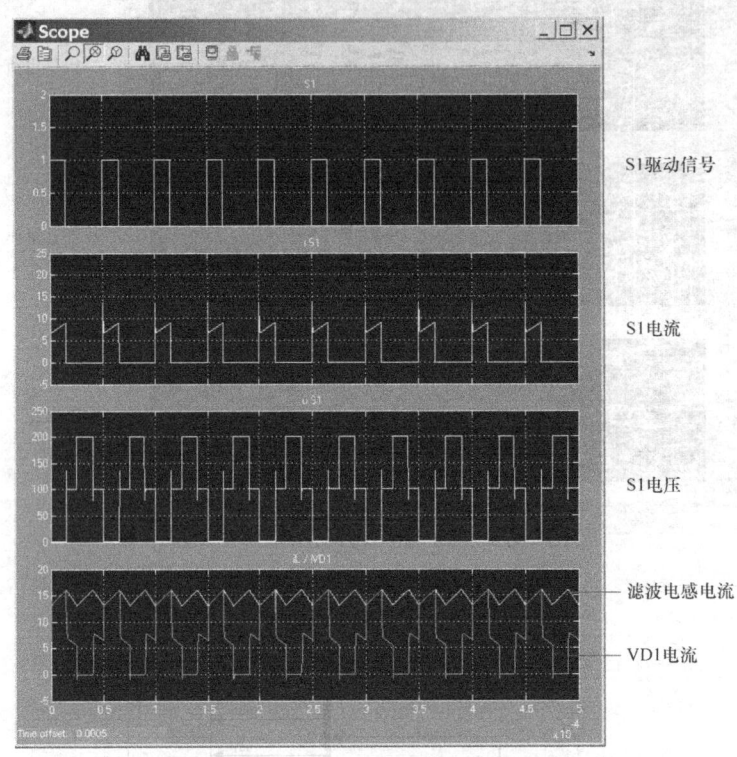

图 14-16 半桥型 DC-DC 电路仿真波形

9. 全桥电路

全桥型 DC-DC 电路仿真模型如图 14-17 所示，直流电源电压为 200V，负载为电阻负载，电阻为 3Ω，输出滤波电感 0.1mH，滤波电容为 20μF。变压器电压比为 1∶0.5。开关管采用 MOSFET 为模型，驱动信号由两个"Pulse Generator"环节产生，每个环节产生频率为 20kHz、占空比为 30% 的驱动信号，两个驱动信号间留有 25μs 的延时（对应 20kHz 即 180°相差）。此时电路的仿真波形如图 14-18 所示。按照黄色、紫色曲线颜色顺序四幅波形图中的波形依次为：S1 和 S4 驱动信号、S1 电流、S1 电压、滤波电感电流/VD1 电流。电路仿真中将仿真时间设为 1ms，最终显示波形为 0.9~1ms 的电路波形，此时电路已接近稳态。

第14章 直流-直流变流电路的计算机仿真

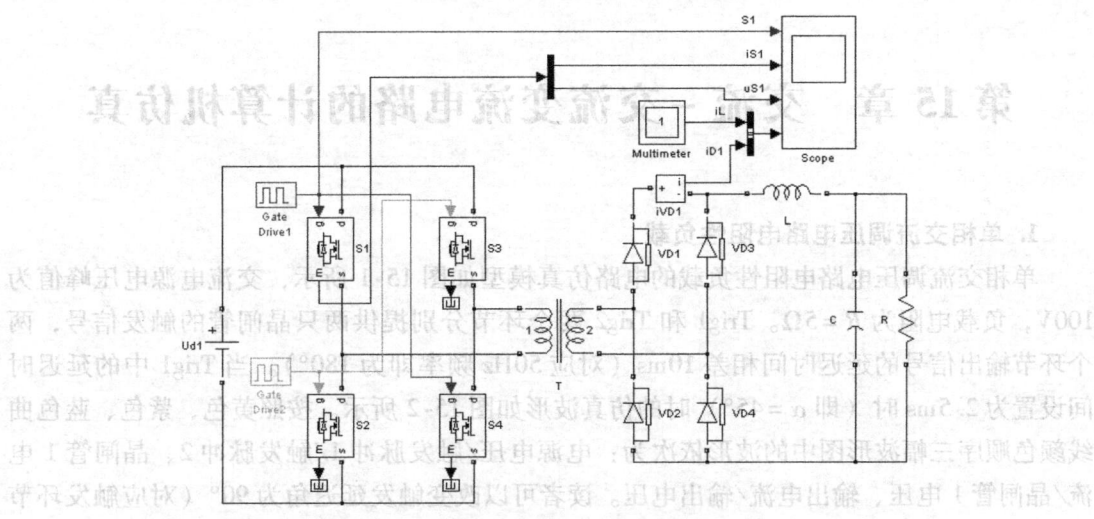

图 14-17 全桥型 DC-DC 电路仿真模型

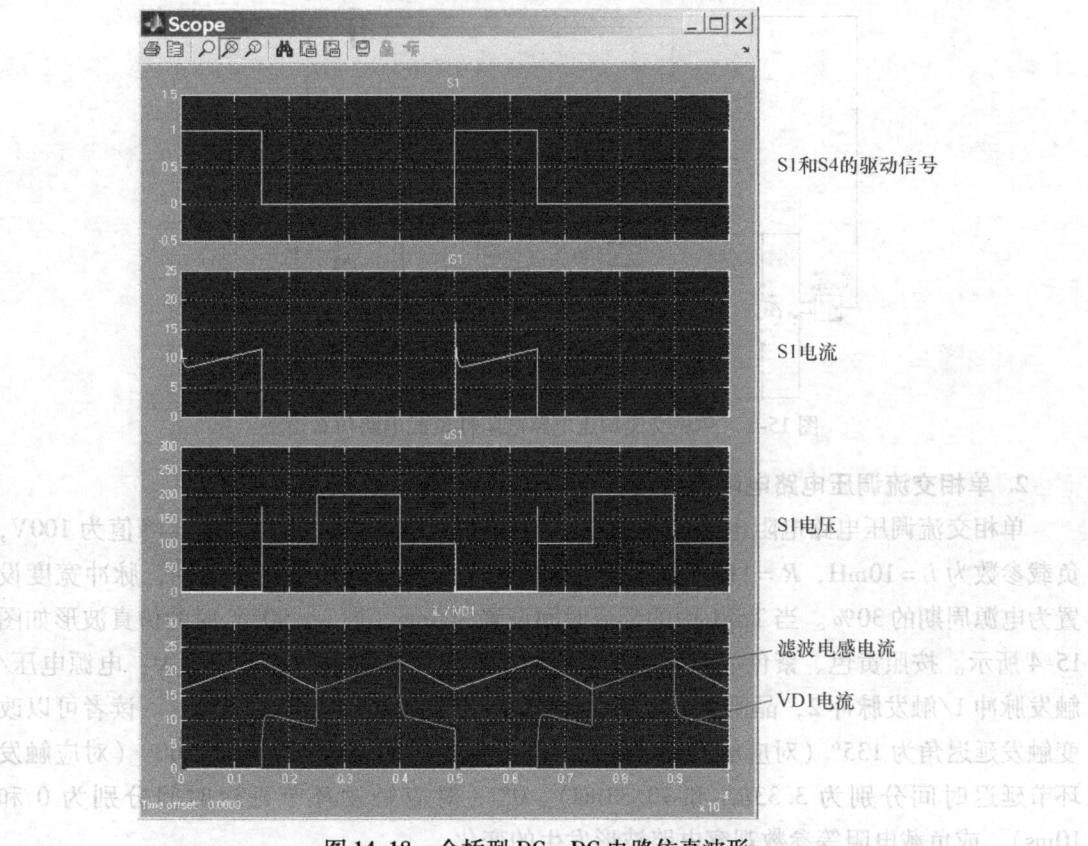

图 14-18 全桥型 DC-DC 电路仿真波形

第15章 交流-交流变流电路的计算机仿真

1. 单相交流调压电路电阻性负载

单相交流调压电路电阻性负载的电路仿真模型如图15-1所示,交流电源电压峰值为100V,负载电阻为$R=5\Omega$。Trig1和Trig2两个环节分别提供两只晶闸管的触发信号,两个环节输出信号的延迟时间相差10ms(对应50Hz频率即为180°)。当Trig1中的延迟时间设置为2.5ms时(即$\alpha=45°$)时的仿真波形如图15-2所示。按照黄色、紫色、蓝色曲线颜色顺序三幅波形图中的波形依次为:电源电压/触发脉冲1/触发脉冲2、晶闸管1电流/晶闸管1电压、输出电流/输出电压。读者可以改变触发延迟角为90°(对应触发环节延迟时间分别为5ms和15ms)、120°(对应触发环节延迟时间分别为6.67ms和16.67ms),或负载电阻等参数观察电路波形发生的变化。

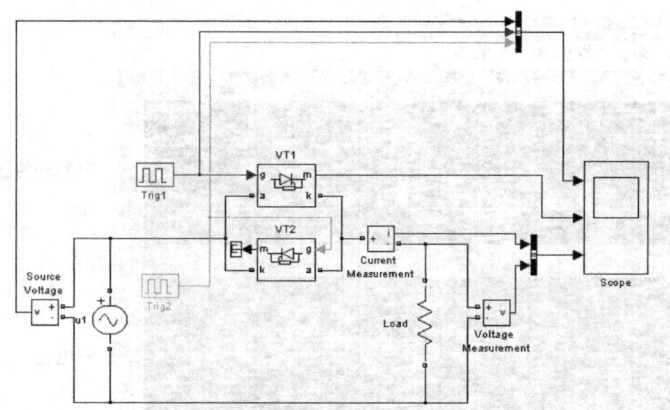

图15-1 单相交流调压电路电阻性负载电路仿真模型

2. 单相交流调压电路电阻电感负载

单相交流调压电路电阻电感负载的电路结构如图15-3所示,电源电压峰值为100V,负载参数为$L=10\text{mH}$,$R=1\Omega$。为保证可靠触发,触发电路中采用宽脉冲,脉冲宽度设置为电源周期的30%。当Trig1中的延迟时间设置为5ms(即$\alpha=90°$)时的仿真波形如图15-4所示。按照黄色、紫色、蓝色曲线颜色顺序三幅波形图中的波形依次为:电源电压/触发脉冲1/触发脉冲2、晶闸管1电流/晶闸管1电压、输出电流/输出电压。读者可以改变触发延迟角为135°(对应触发环节延迟时间分别为7.5ms和17.5ms)、60°(对应触发环节延迟时间分别为3.33ms和13.33ms)、0°(对应触发环节延迟时间分别为0和10ms),或负载电阻等参数观察电路波形发生的变化。

3. 三相交流调压电路电阻性负载

三相交流调压电路电阻性负载的电路仿真模型如图15-5所示,三相电源线电压有效值为100V,负载参数为$R=10\Omega$。Trig1~Trig6六个环节分别提供六只晶闸管的触发信号,

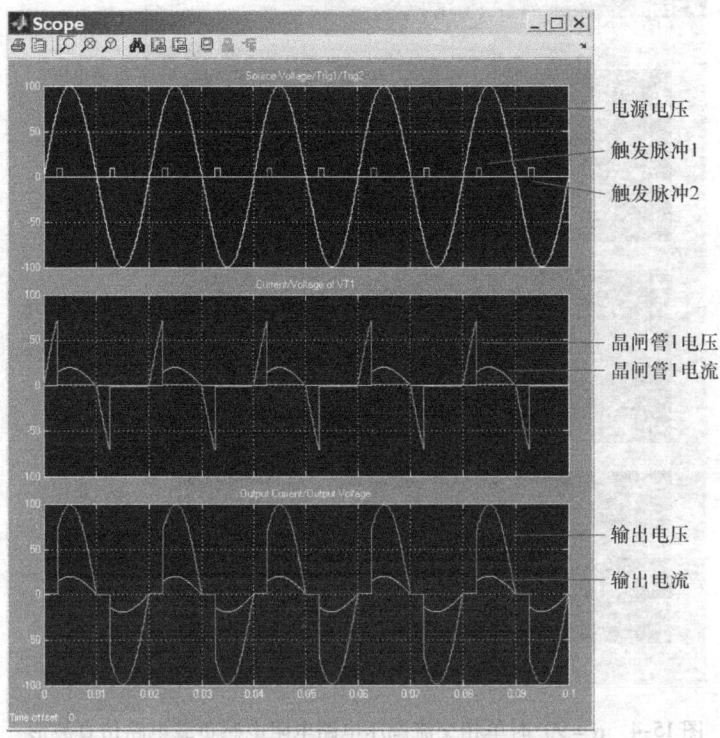

图 15-2　α=45°时单相交流调压电路电阻性负载电路仿真波形

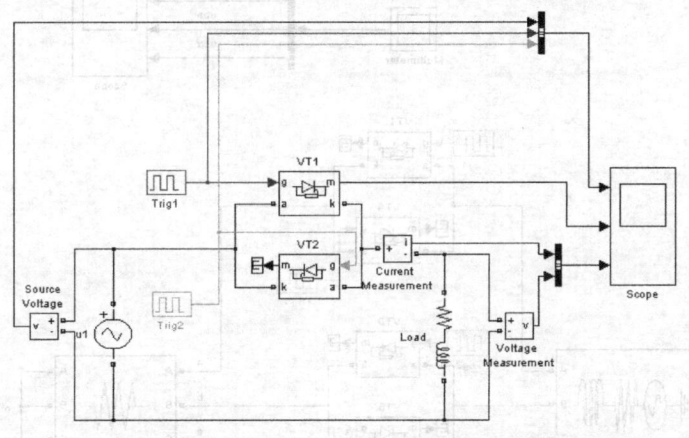

图 15-3　单相交流调压电路电阻电感负载电路仿真模型

每个环节输出信号的延迟时间按环节编号依次相差 3.33ms（对应 50Hz 频率即为 60°）。当 Trig1 中的延迟时间设置为 5ms（即 α=90°）时的仿真波形如图 15-6 所示。三幅波形图中的波形依次为：负载 A 相、B 相、C 相的相电压波形。读者可以改变触发延迟角（注意每个触发环节输出信号应按环节编号依次相差 3.33ms），观察电路波形发生的变化。

4. 单相交-交变频电路

单相交-交变频电路结构如图 15-7 所示，主电路中电源相电压峰值为 100V，采用两

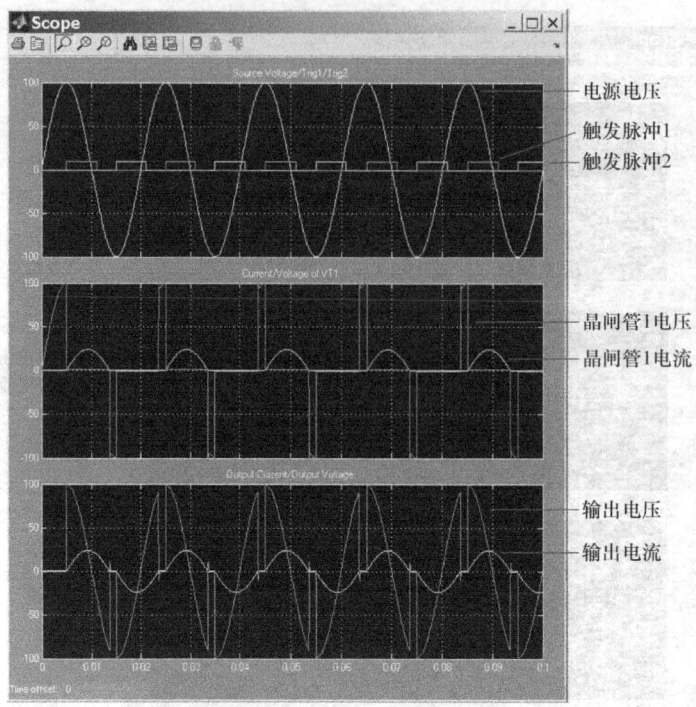

图 15-4　α=90°时单相交流调压电路电阻电感负载电路仿真波形

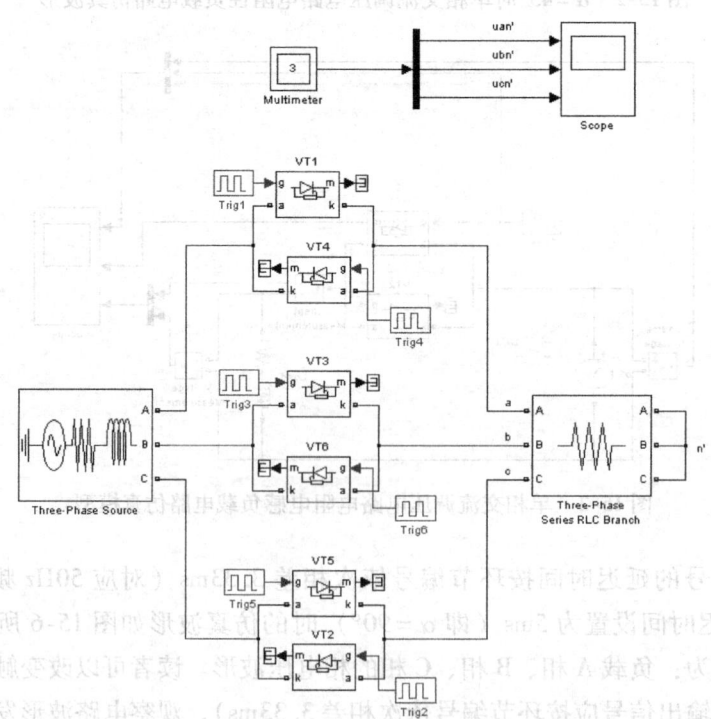

图 15-5　三相交流调压电路电阻性负载电路仿真模型

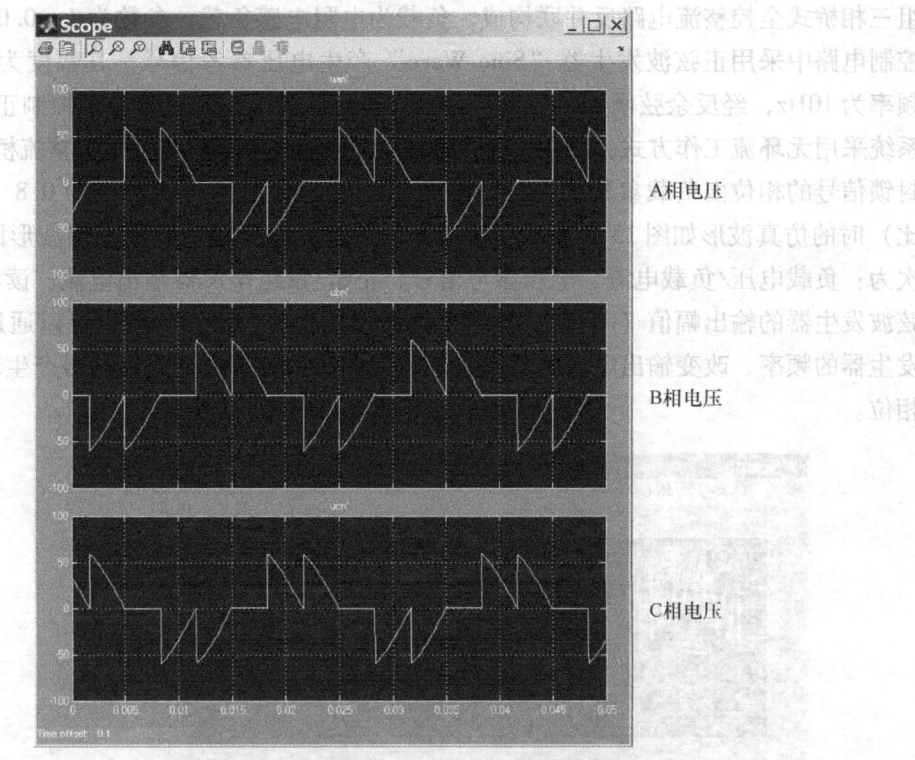

图 15-6　$\alpha = 90°$ 时三相交流调压电路电阻性负载电路仿真波形

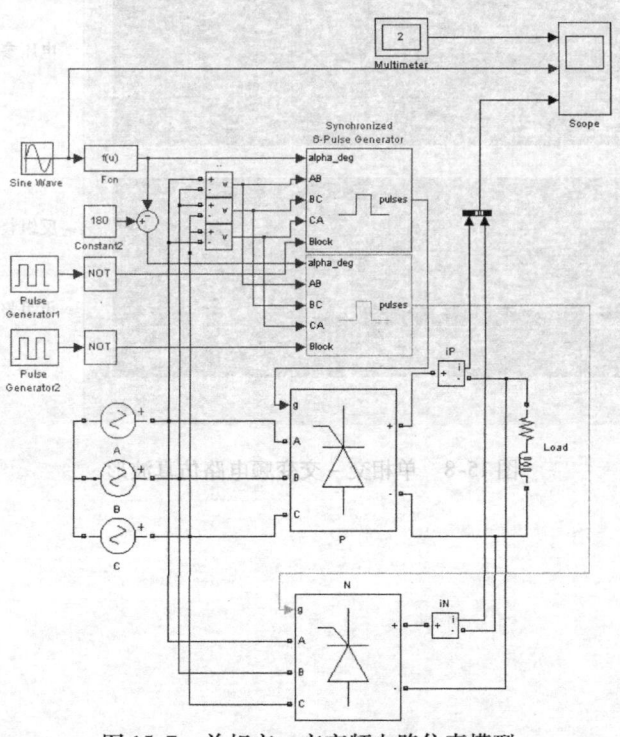

图 15-7　单相交-交变频电路仿真模型

组三相桥式全控整流电路反并联构成,负载为电阻电感负载,参数为 $L=0.01\mathrm{H}$, $R=5\Omega$。控制电路中采用正弦波发生器"Sine Wave"产生电压参考信号,其幅度为输出电压比,频率为 10Hz,经反余弦函数环节计算晶闸管整流器的触发延迟角分别控制正反组整流器。系统采用无环流工作方式,利用两个"Pulse Generator"环节产生两组整流桥的封锁信号,封锁信号的相位由负载参数事先计算获得。当电压参考信号幅值设为 0.8(即输出电压比)时的仿真波形如图 15-8 所示。按照黄色、紫色曲线颜色顺序三幅波形图中的波形依次为:负载电压/负载电流、电压参考信号、正组/反组整流器输出电流。读者可以改变正弦波发生器的输出幅值(0~1),观察电路波形发生的变化;读者也可以通过改变正弦波发生器的频率、改变输出电压的频率,但需要同时计算并改变封锁信号产生环节的频率及相位。

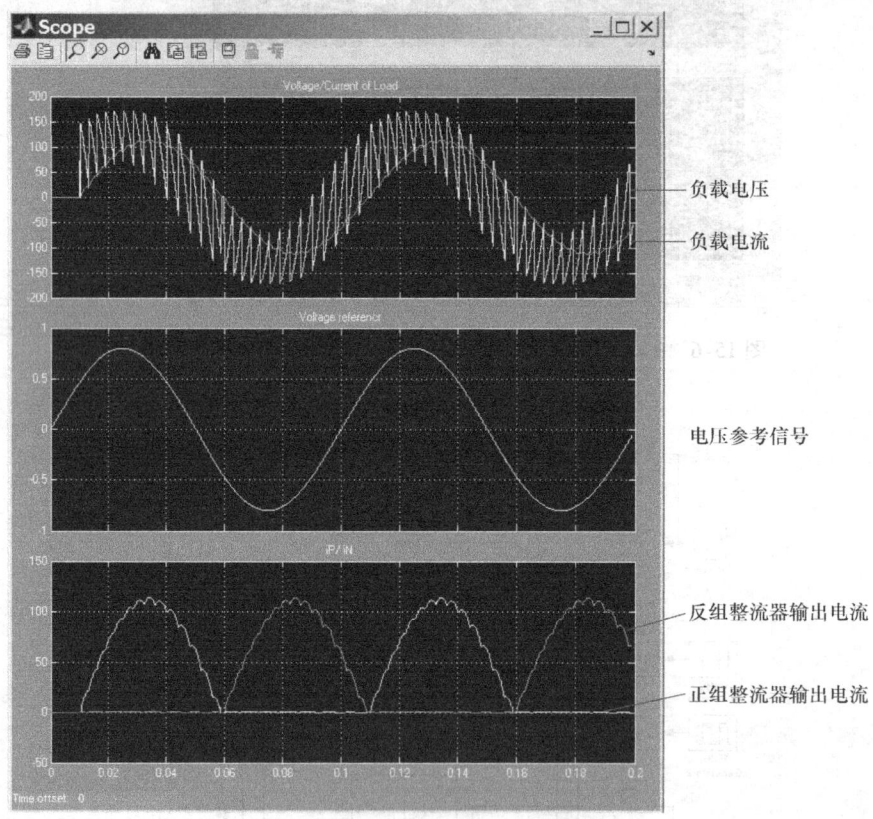

图 15-8　单相交 - 交变频电路仿真波形

第16章 PWM逆变电路的计算机仿真

1. 单相桥式单极性调制PWM型逆变电路

采用单极性PWM调制的单相桥式逆变电路仿真模型如图16-1所示，主电路中直流电源电压为100V，经由四只MOSFET构成的桥式逆变电路与电阻电感负载连接。负载电感为10mH，电阻为1Ω。控制电路中采用"Sine Wave"环节生成调制信号，频率为50Hz，调制信号一路与零电平比较产生VT1和VT2的驱动信号，另一路与"Triangular Wave"环节产生的单极性三角波（频率为1000Hz）比较，产生VT3和VT4的驱动信号。其中为产生与调制信号极性一致的三角波，采用"Sign"环节将信号波的极性检出并与三角波相乘。当正弦调制信号幅值为0.8（即调制度为0.8）时，电路的仿真波形如图16-2所示。按照黄色、紫色曲线颜色顺序两幅波形图中的波形依次为：调制信号/载波信号、输出电压/输出电流。读者可以改变调制参数观察电路波形发生的变化。

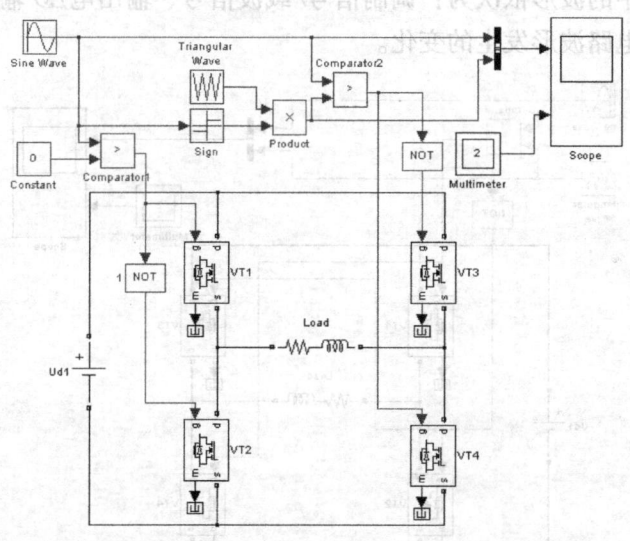

图16-1 单相桥式单极性调制PWM型逆变电路仿真模型

2. 单相桥式双极性调制PWM型逆变电路

采用双极性PWM调制的单相桥式逆变电路结构如图16-3所示，主电路中直流电源电压为100V，经由四只MOSFET构成的桥式逆变电路与电阻电感负载连接。负载电感为10mH，电阻为1Ω。控制电路中采用"Sine Wave"环节生成调制信号，频率为50Hz，调制信号与"Triangular Wave"环节产生的双极性三角波（频率为1000Hz）比较产生驱动信号，一路连接到VT1和VT4，另一路经反相后连接到VT2和VT3。当正弦调制信号幅值为0.8（即调制度为0.8）时，电路的仿真波形如图16-4所示。按照黄色、紫色曲线颜

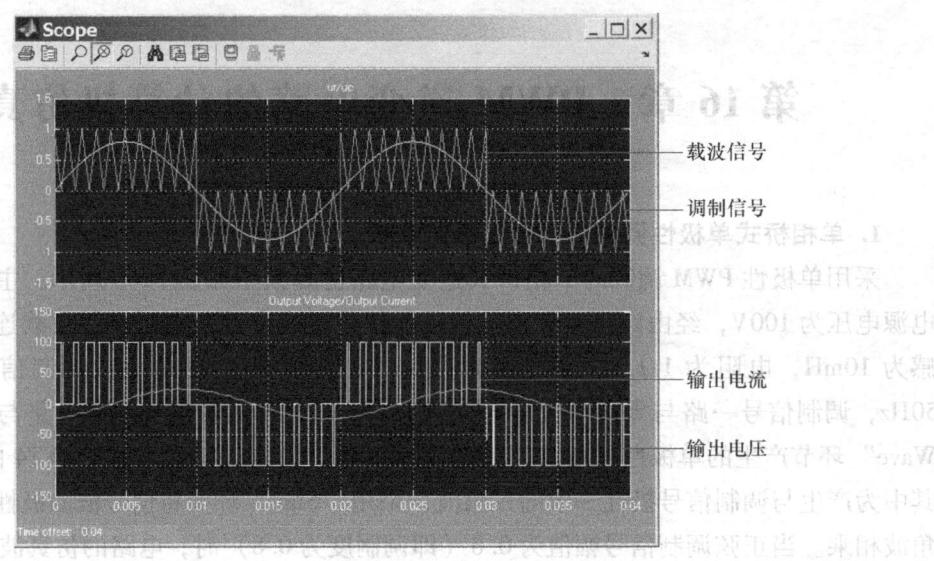

图 16-2 单相桥式单极性调制 PWM 型逆变电路仿真波形

色顺序两幅波形图中的波形依次为：调制信号/载波信号、输出电压/输出电流。读者可以改变调制参数观察电路波形发生的变化。

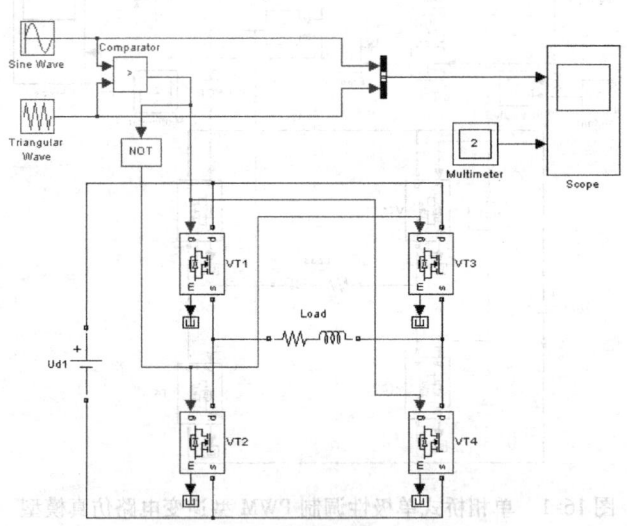

图 16-3 单相桥式双极性调制 PWM 型逆变电路仿真模型

3. 三相桥式 PWM 型逆变电路

采用双极性 PWM 调制的三相桥式逆变电路仿真模型如图 16-5 所示，主电路中两个直流电源电压均为 100V，经由六只 MOSFET 构成的桥式逆变电路与三相电阻电感负载连接。负载电感为 10mH，电阻为 1Ω。控制电路中采用三个"Sine Wave"环节生成三相正弦调制信号，频率为 50Hz，调制信号与"Triangular Wave"环节产生的三角波（频率为 1000Hz）比较产生三路驱动信号分别连接到 VT1、VT3 和 VT5，同时三路驱动经反相后连

第 16 章 PWM 逆变电路的计算机仿真

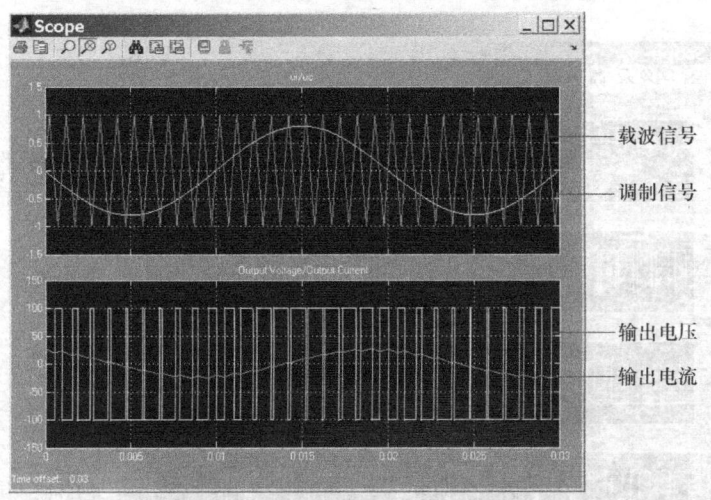

图 16-4 单相桥式双极性调制 PWM 型逆变电路仿真波形

接到 VT2、VT4 和 VT6。当正弦调制信号幅值为 0.7（即调制度为 0.7）时，电路的仿真波形如图 16-6 所示。按照黄色、紫色、蓝色、红色曲线颜色顺序六幅波形图中的波形依次为：W/V/U 相调制信号/载波信号，电压 $u_{UN'}$，电压 $u_{VN'}$，电压 $u_{WN'}$，输出 UV 线电压 u_{UV}，输出 U 相电压。读者可以改变调制度参数观察电路波形发生的变化。

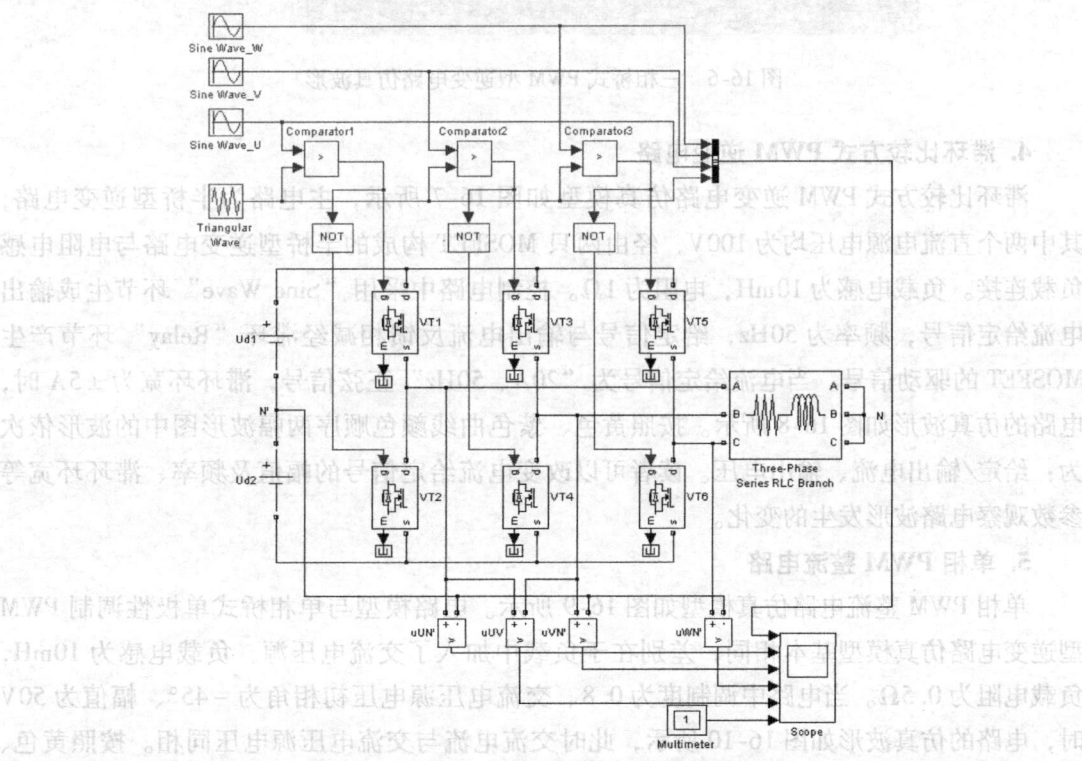

图 16-5 三相桥式 PWM 型逆变电路仿真模型

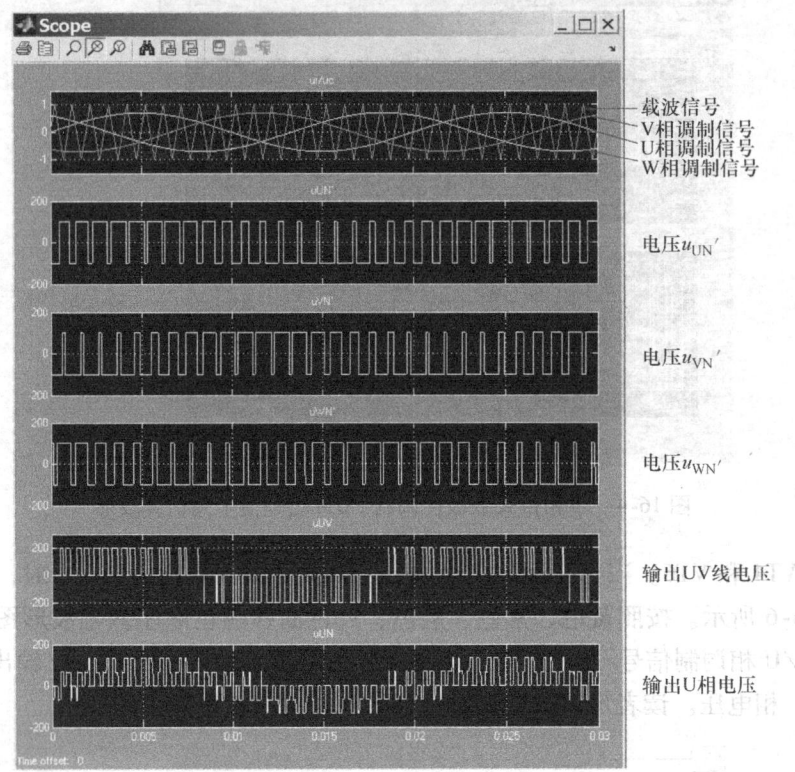

图 16-6 三相桥式 PWM 型逆变电路仿真波形

4. 滞环比较方式 PWM 逆变电路

滞环比较方式 PWM 逆变电路仿真模型如图 16-7 所示，主电路为半桥型逆变电路，其中两个直流电源电压均为 100V，经由两只 MOSFET 构成的半桥型逆变电路与电阻电感负载连接。负载电感为 10mH，电阻为 1Ω。控制电路中采用"Sine Wave"环节生成输出电流给定信号，频率为 50Hz，给定信号与输出电流反馈相减经滞环"Relay"环节产生 MOSFET 的驱动信号。当电流给定信号为"20A、50Hz"正弦信号，滞环环宽为 ±5A 时，电路的仿真波形如图 16-8 所示。按照黄色、紫色曲线颜色顺序两幅波形图中的波形依次为：给定/输出电流、输出电压。读者可以改变电流给定信号的幅值及频率、滞环环宽等参数观察电路波形发生的变化。

5. 单相 PWM 整流电路

单相 PWM 整流电路仿真模型如图 16-9 所示。电路模型与单相桥式单极性调制 PWM 型逆变电路仿真模型基本相同，差别在于负载中加入了交流电压源，负载电感为 10mH，负载电阻为 0.5Ω。当电路中调制度为 0.8、交流电压源电压初相角为 −45°、幅值为 50V 时，电路的仿真波形如图 16-10 所示，此时交流电流与交流电压源电压同相。按照黄色、紫色曲线颜色顺序两幅波形图中的波形依次为：调制信号/载波信号，交流输出电流/交流电源电压。电路仿真中将仿真时间设为 0.08s，最终显示波形为 0.04 ~ 0.08s 的电路波形，

第 16 章 PWM 逆变电路的计算机仿真

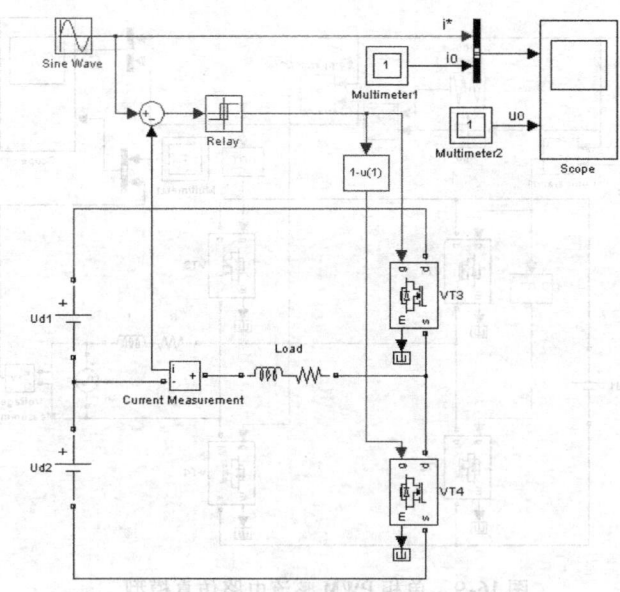

图 16-7 滞环比较方式 PWM 逆变电路仿真模型

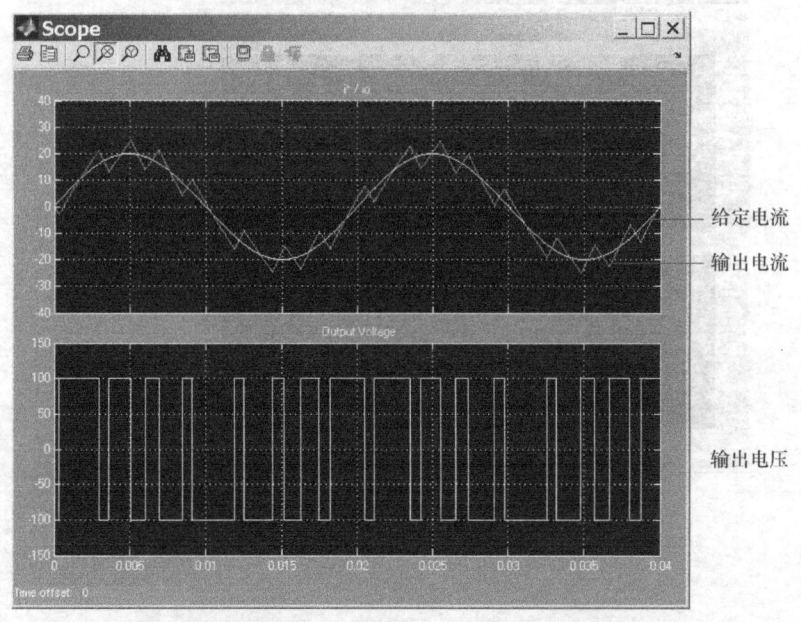

图 16-8 滞环比较方式 PWM 逆变电路仿真波形

此时电路已接近稳态。读者可以改变交流电源电压初相角为 0°，幅值为 50V，观察交流电压和交流电流的相位关系；再次将交流电源电压相角改为 0°，幅值为 100V，观察交流电压和交流电流的相位关系。

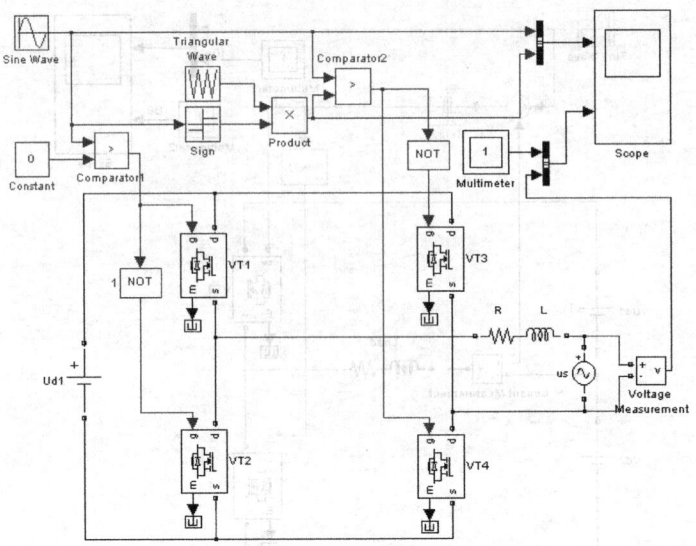

图 16-9 单相 PWM 整流电路仿真模型

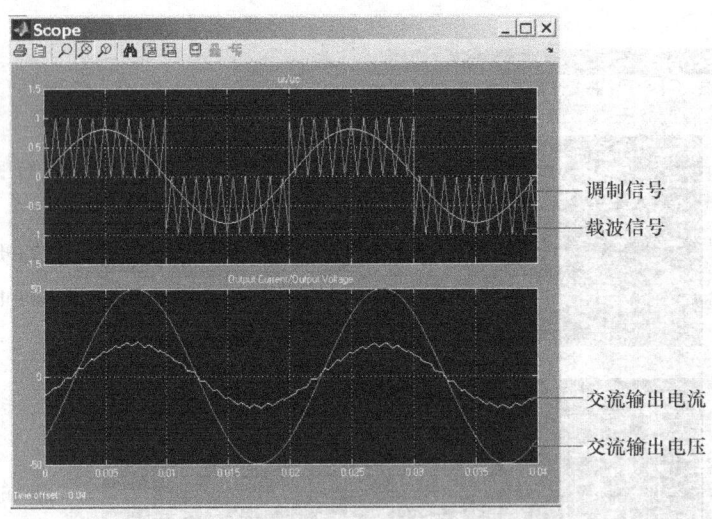

图 16-10 单相 PWM 整流电路仿真波形

第17章 软开关电路的计算机仿真

1. 零电压开关准谐振电路

零电压开关准谐振电路仿真模型如图 17-1 所示。电路中元件参数为电源电压 50V，开关频率为 100kHz。谐振电感为 2μH，谐振电容为 0.3μF，输出滤波电感为 0.1mH，负载电阻为 1Ω。电路的仿真波形如图 17-2 所示。按照黄色、紫色曲线颜色顺序三幅波形图中的波形依次为：驱动信号、开关管电流/开关管电压、续流二极管电压/谐振电感电流。电路仿真中将仿真时间设为 200μs，最终显示波形为 180~200μs 的电路波形，此时电路已接近稳态。读者可以改变负载电阻为 2Ω，观察并对比电路不能实现零电压开通时的波形变化。

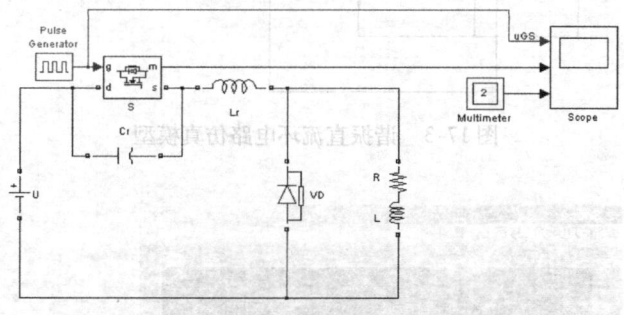

图 17-1　零电压开关准谐振电路仿真模型

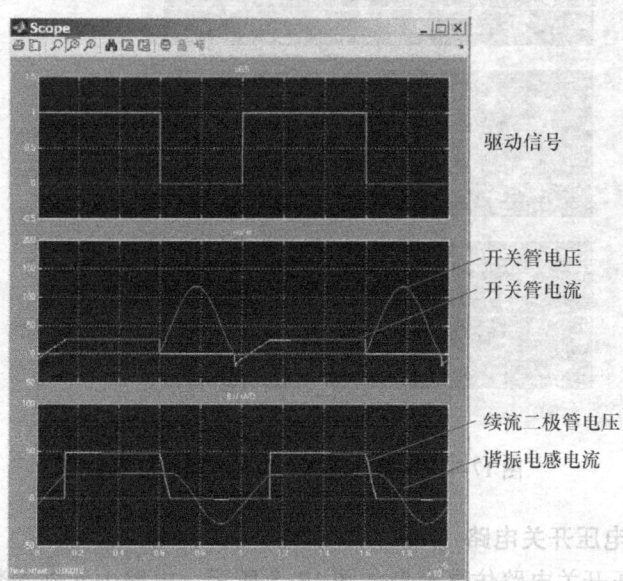

图 17-2　零电压开关准谐振电路波形

2. 谐振直流环电路

谐振直流环电路仿真模型如图 17-3 所示，电路中采用阻感负载替代了实际电路中的逆变电路及其负载。电路中元件参数为电源电压 50V，开关频率为 50kHz。谐振电感为 10μH，谐振电容为 1μF，负载为阻感负载，电感为 1mH，负载电阻为 1Ω，开关管每周期导通 2μs。电路的仿真波形如图 17-4 所示。按照黄色、紫色曲线颜色顺序三幅波形图中的波形依次为：驱动信号、开关管电流/开关管电压、负载电流/谐振电感电流。电路仿真中将仿真时间设为 1ms，最终显示波形为 0.9~1ms 的电路波形，此时电路已接近稳态。

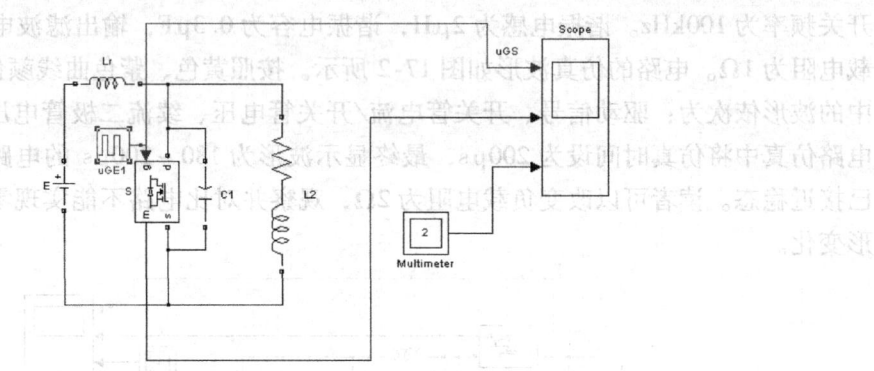

图 17-3 谐振直流环电路仿真模型

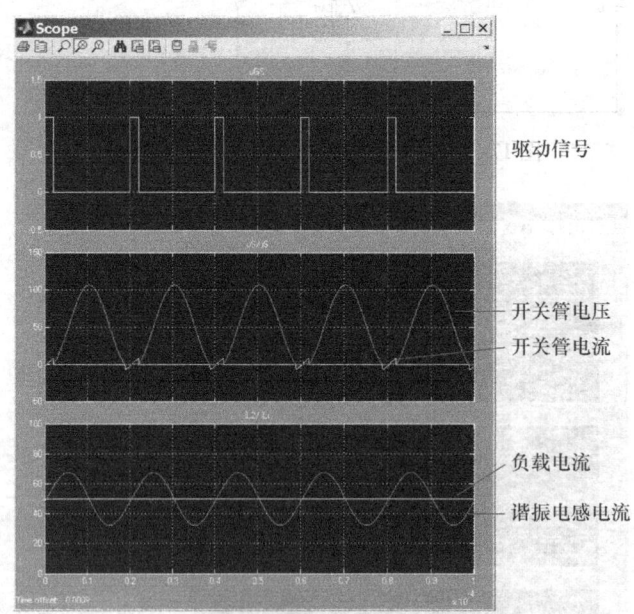

图 17-4 谐振直流环电路工作仿真波形

3. 移相全桥零电压开关电路

移相全桥零电压开关电路仿真模型如图 17-5 所示。电路中元件参数为电源电压 50V，开关频率为 20kHz。电路中四只开关管的驱动信号分别由四个"Pulse Generator"环节产生,其中 S1 与 S2 管、S3 与 S4 管驱动脉冲反相,死区时间为 3% 的开关周期(即 1.5μs),S1 与 S4 间驱动脉冲相差 5ms,对应电路的占空比为 80%。与每只开关器件并联的谐振电容为 0.1μF。变压器电压比为 2:1,输出滤波电感为 50μH,滤波电容为 100μF,负载电阻为 0.4Ω。电路的仿真波形如图 17-6 所示。按照黄色、紫色曲线颜色顺序五幅波形图中的

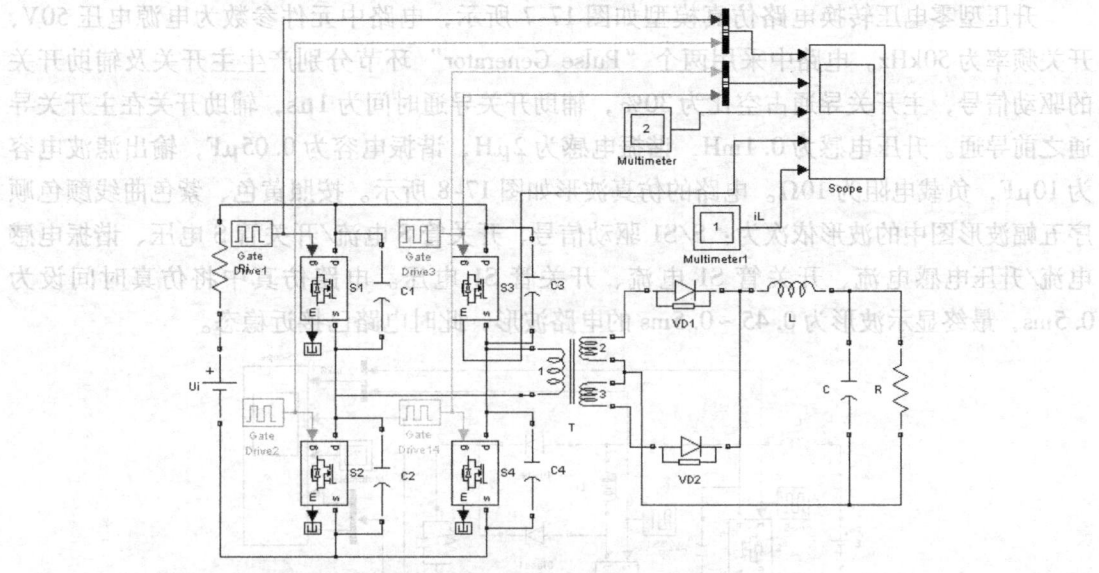

图 17-5　移相全桥零电压开关电路仿真模型

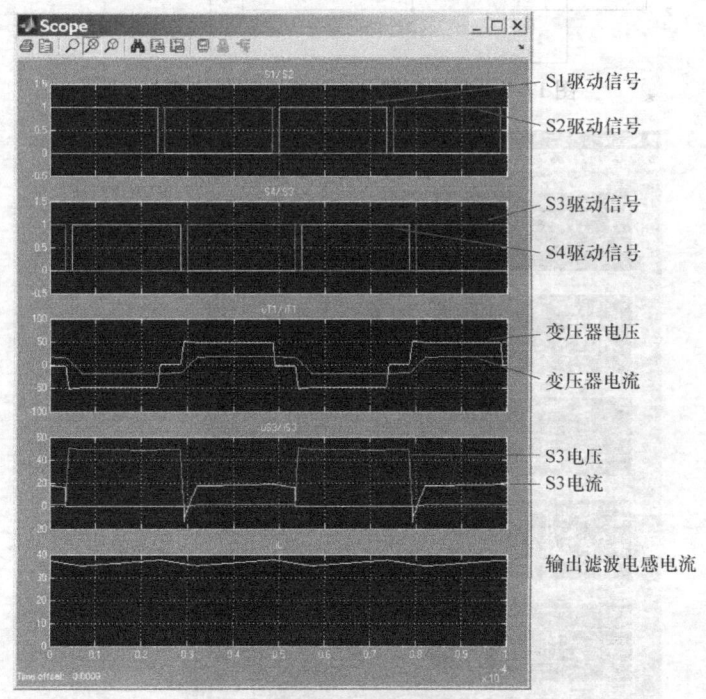

图 17-6　移相全桥零电压开关电路工作仿真波形

波形依次为：S1/S2 驱动信号、S4/S3 驱动信号、变压器电压/变压器电流、开关管 S3 电流/开关管 S3 电压、输出滤波电感电流。电路仿真中将仿真时间设为 1ms，最终显示波形为 0.9~1ms 的电路波形，此时电路已接近稳态。

4. 升压型零电压转换电路

升压型零电压转换电路仿真模型如图 17-7 所示，电路中元件参数为电源电压 50V，开关频率为 50kHz。电路中采用两个 "Pulse Generator" 环节分别产生主开关及辅助开关的驱动信号，主开关导通占空比为 30%，辅助开关导通时间为 1μs，辅助开关在主开关导通之前导通。升压电感为 0.1mH，谐振电感为 2μH，谐振电容为 0.05μF，输出滤波电容为 10μF，负载电阻为 10Ω。电路的仿真波形如图 17-8 所示。按照黄色、紫色曲线颜色顺序五幅波形图中的波形依次为：S/S1 驱动信号、开关管 S 电流/开关管 S 电压、谐振电感电流/升压电感电流、开关管 S1 电流、开关管 S1 电压。电路仿真中将仿真时间设为 0.5ms，最终显示波形为 0.45~0.5ms 的电路波形，此时电路已接近稳态。

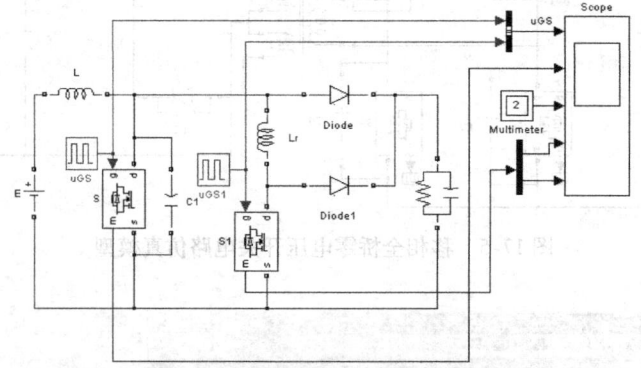

图 17-7 升压型零电压转换电路仿真模型

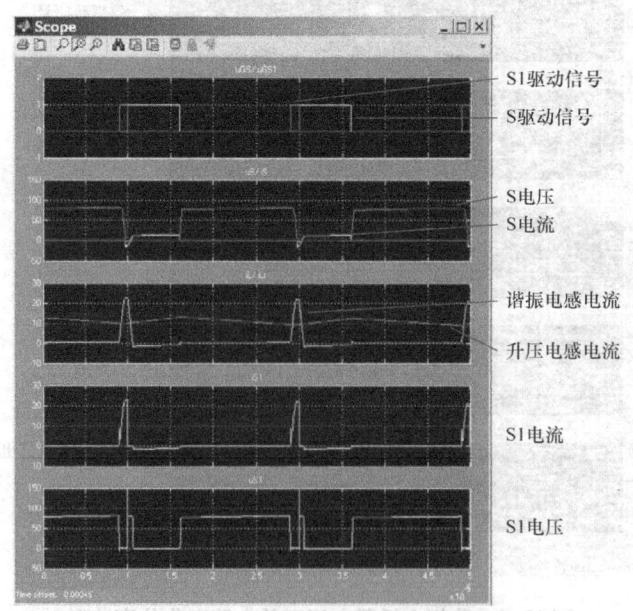

图 17-8 升压型零电压转换电路仿真波形

参考文献

[1] 王兆安, 刘进军, 粉旭, 高梁, 黄云广, 王聪. 电力电子技术 [M]. 5版. 北京: 机械工业出版社, 2009.

[2] 洪乃刚, 黄京. 电力电子技术基础的 MATLAB 仿真分析 [M]. 北京: 国防工业出版社, 2009.

参考文献